Abdellah El Fadar

Étude d'une machine frigorifique solaire à adsorption

Abdellah El Fadar

Étude d'une machine frigorifique solaire à adsorption

Utilisation des concentrateurs cylindro-paraboliques et caloducs

Presses Académiques Francophones

Impressum / Mentions légales

Bibliografische Information der Deutschen Nationalbibliothek: Die Deutsche Nationalbibliothek verzeichnet diese Publikation in der Deutschen Nationalbibliografie; detaillierte bibliografische Daten sind im Internet über http://dnb.d-nb.de abrufbar. Alle in diesem Buch genannten Marken und Produktnamen unterliegen warenzeichen-, marken- oder patentrechtlichem Schutz bzw. sind Warenzeichen oder eingetragene Warenzeichen der jeweiligen Inhaber. Die Wiedergabe von Marken, Produktnamen, Gebrauchsnamen, Handelsnamen, Warenbezeichnungen u.s.w. in diesem Werk berechtigt auch ohne besondere Kennzeichnung nicht zu der Annahme, dass solche Namen im Sinne der Warenzeichen- und Markenschutzgesetzgebung als frei zu betrachten wären und daher von jedermann benutzt werden dürften.

Information bibliographique publiée par la Deutsche Nationalbibliothek: La Deutsche Nationalbibliothek inscrit cette publication à la Deutsche Nationalbibliografie; des données bibliographiques détaillées sont disponibles sur internet à l'adresse http://dnb.d-nb.de.
Toutes marques et noms de produits mentionnés dans ce livre demeurent sous la protection des marques, des marques déposées et des brevets, et sont des marques ou des marques déposées de leurs détenteurs respectifs. L'utilisation des marques, noms de produits, noms communs, noms commerciaux, descriptions de produits, etc, même sans qu'ils soient mentionnés de façon particulière dans ce livre ne signifie en aucune façon que ces noms peuvent être utilisés sans restriction à l'égard de la législation pour la protection des marques et des marques déposées et pourraient donc être utilisés par quiconque.

Coverbild / Photo de couverture: www.ingimage.com

Verlag / Editeur:
Presses Académiques Francophones
ist ein Imprint der / est une marque déposée de
AV Akademikerverlag GmbH & Co. KG
Heinrich-Böcking-Str. 6-8, 66121 Saarbrücken, Deutschland / Allemagne
Email: info@presses-academiques.com

Herstellung: siehe letzte Seite /
Impression: voir la dernière page
ISBN: 978-3-8381-7055-8

UNIVERSITÉ ABDEL MALEK ESSAADI
FACULTÉ DES SCIENCES
TETOUAN

THÈSE

Présentée

Pour l'obtention du

DOCTORAT EN SCIENCES

Par

ABDELLAH EL FADAR

Discipline : Physique

Spécialité : Thermique – Énergétique

Etude d'une machine frigorifique solaire à adsorption
– Utilisation des concentrateurs cylindro-paraboliques et caloducs –

Soutenue le 15 Juin 2009 devant le jury composé de :

Hassan Ezbakhe	Professeur à la Faculté des Sciences de Tétouan	Président
Fatiha Lemmini	Professeur à la Faculté des Sciences de Rabat	Rapporteur
Abdeslam Draoui	Professeur à la Faculté des Sciences et Techniques de Tanger	Rapporteur
Mohamed Lahlaouti	Professeur à la Faculté des Sciences de Tétouan	Rapporteur
Manuel P. García	Professeur à l'Université d'Almeria-Espagne	Examinateur
Driss Zejli	Professeur au CNRST – Rabat	Examinateur
Abdellah Maalouf	Professeur à la Faculté des Sciences de Tétouan	Examinateur
Abdelaziz Mimet	Professeur à la Faculté des Sciences de Tétouan	Directeur de thèse

Remerciements

La période passée pour la préparation de cette thèse était pour moi une formidable expérience surtout sur le plan scientifique. C'est l'aboutissement d'un travail mené au sein du laboratoire d'Énergétique de la Faculté des Sciences de Tétouan sous la direction du professeur A. Mimet, à qui je dois adresser mes sincères remerciements pour son encadrement, sa constante disponibilité et ses conseils scientifiques qu'il m'a prodigués et qui ont rendu ce travail possible.

Je tiens à exprimer ma reconnaissance au professeur M. Pérez-García pour son accueil à la Faculté des Sciences d'Almeria et à la Plateforme Solaire d'Almeria (PSA) en Espagne, dans le cadre des cours d'été sur les énergies renouvelables, organisés par le Centre National pour la Recherche Scientifique et Technique (Maroc) en collaboration avec "El Centro de Investigaciones Energéticas, Medioambientales y Tecnológicas" (Espagne), 2007.

Je tiens à remercier également les professeurs F. Lemmini et A. Errougani pour leur aide précieuse lors de mon court stage expérimental au Laboratoire d'Énergie Solaire de la Faculté des Sciences de Rabat.

Mes profondes gratitudes sont adressées au professeur H. Ezbakhe pour avoir accepté de présider le jury ainsi qu'aux professeurs F. Lemmini, A. Draoui et M. Lahlaouti d'avoir accepté la charge de rapporteur de ce travail.

Je suis aussi très honoré de la présence des professeurs M. Pérez García, A. Maalouf et D. Zejli, qui ont accepté de juger ce travail.

Enfin, mes derniers remerciements iront à toutes celles et à tous ceux qui m'ont soutenu lors de la préparation de ce travail.

Dédicace

A mes parents
A ma famille
A mes ami(e)s

Résumé

Le présent ouvrage représente une contribution aux recherches scientifiques visant le développement de la technologie des machines frigorifiques solaires à adsorption, il consiste à étudier une machine frigorifique solaire à adsorption, présentant un caractère innovant, dans laquelle le concentrateur cylindro-parabolique est utilisé pour chauffer l'adsorbeur contenant le couple charbon actif/ammoniac. Cette étude concerne le développement d'un modèle mathématique basé sur les équations de transfert de chaleur et de masse dans l'adsorbant et sur le bilan d'énergie dans les autres composants. Les résultats de simulation numérique ont été validés à l'aide des résultats expérimentaux réalisés antérieurement. Un programme de simulation, écrit en Fortran, est développé pour simuler le fonctionnement de la machine sous de conditions climatiques réelles de Tétouan, Maroc. Quelques paramètres influençant les performances de la machine ont été examinés en vue d'identifier les valeurs paramétriques qui correspondent aux dimensions optimales.

Dans cet ouvrage, nous examinons deux configurations de machines frigorifiques solaires à adsorption :

La première est à cycle intermittent et où l'adsorbeur est chauffé à l'aide d'un concentrateur cylindro-parabolique couplé avec un caloduc. L'étude que nous avons menée a montré que cette machine dispose d'un rendement élevé, en raison de la haute performance du concentrateur et la haute densité de flux de chaleur du caloduc. Une telle machine présente aussi l'avantage d'être légère, comparativement aux machines utilisant des capteurs solaires plans simples ou sous vide, ceci pourrait pallier bien évidemment à l'un des principaux inconvénients de ces machines, en l'occurrence, le caractère volumineux.

La deuxième machine, fonctionne en cycle continu et est composée, entre autres, de deux adsorbeurs, alternativement chauffés et refroidis, et de deux réservoirs de stockage d'eau chaude et froide. Les résultats obtenus ont mis en évidence la possibilité de surmonter le caractère intermittent des machines de réfrigération à adsorption qui fonctionnent qu'à l'aide de l'énergie solaire.

Mots clés : adsorption, réfrigération, caloduc, concentrateurs solaires, modélisation, simulation numérique, validation expérimentale, cycle intermittent, cycle continu.

Production scientifique

Publications dans des revues internationales avec comité de lecture

1. **A. El Fadar, A. Mimet, A. Azzabakh, M. Pérez-García, J. Castaing**, «Study of a new solar adsorption refrigerator powered by a parabolic trough collector», *Applied Thermal Engineering* 29 (2009) 1267–1270.

2. **A. El Fadar, A. Mimet, M. Pérez-García**, «Modelling and performance study of a continuous adsorption refrigeration system driven by parabolic trough solar collector», *Solar Energy* 83 (2009) pp. 850–861.

3. **A. El Fadar, A. Mimet, M. Pérez-García**, «Study of an adsorption refrigeration system powered by parabolic trough collector and coupled with a heat pipe», *Renewable Energy* 34 (2009) pp. 2271-2279.

Et de nombreuses publications dans des actes de congrès internationaux avec comité de lecture.

Table des matières

Liste des figures

XIV

Liste des tableaux

Nomenclature

A	surface/section transversale (m^2)
A_c	surface d'ouverture du capteur (m^2)
C	chaleur spécifique (J kg^{-1} k^{-1})
C_c	rapport de concentration
D_{ci}	diamètre intérieur de la structure capillaire du caloduc (m)
D_i	diamètre interne de l'enveloppe du caloduc/diamètre interne du tube métallique inséré dans l'adsorbeur (m)
D_{vi}	diamètre intérieur du tube en verre (m)
D_{vo}	diamètre extérieur du tube en verre (m)
D_l	diamètre interne du lit adsorbant (m)
d_i	diamètre intérieur du tube récepteur (m)
d_o	diamètre extérieur du tube récepteur (m)
$F_{m/c}$	facteur de mérite d'un caloduc à effet capillaire (W m^{-2})
$F_{m/g}$	facteur de mérite d'un caloduc à effet gravitationnel (kg$^{5/4}$ K$^{-3/4}$ s$^{-5/2}$)
F_R	facteur de dissipation de chaleur du capteur
F'	facteur d'efficacité du capteur
h	coefficient de transfert de chaleur (W m^{-2} K^{-1})
$h_{f,r}$	coefficient de transfert de chaleur entre le récepteur et le liquide s'écoulant dans le récepteur (W m^{-2} K^{-1})
H	enthalpie spécifique d'ammoniac (J kg^{-1})
I	composante directe du rayonnement solaire (W m^{-2})
k	perméabilité (m^2)
l_{ad}	longueur de la zone adiabatique du caloduc (m)
l_c	longueur du capteur (m)
l_{con}	longueur du condenseur du caloduc (m)
l_{ev}	longueur de l'évaporateur du caloduc (m)
l_r	longueur du réacteur (m)
$L(T_{ev})$	chaleur latente d'ammoniac à la température d'évaporation (J kg^{-1})

m	masse (kg)
m_a	masse d'ammoniac adsorbée par une tranche de l'adsorbant (kg)
$\dot{m}_f$	débit massique d'eau (kg s^{-1})
P	pression (bar)
Q_c	production frigorifique (J)
q	débit massique d'ammoniac (kg s^{-1})
r	coordonnée radiale (m)
R	constante universelle des gaz (J mol^{-1} K^{-1})
R_i	rayon intérieur du tube métallique (m)
R_1	rayon interne du lit adsorbant (m)
R_2	rayon externe du lit adsorbant (m)
t	temps (h)
t_{cycle}	durée du cycle (h)
T	température (K)
T_{g1}	température au début de la désorption (K)
T_{g2}	température à la fin de la désorption (K)
u	énergie interne spécifique (J kg^{-1})
V	volume (m^3)
W	largeur d'ouverture du concentrateur (m)
x	masse d'ammoniac adsorbée par unité de masse d'adsorbant (kg kg^{-1})

Lettres grecques

α	absorptivité
β	facteur optique du capteur
γ	rapport des capacités thermiques massiques à pression et à volume
γ_r	constants
δ	réflectivité de la surface réfléchissante du concentrateur
σ	épaisseur de l'enveloppe métallique externe du réacteur (m)
ν	tension superficielle (N/m)
μ	viscosité cinématique (m^2/s)
ε	viscosité dynamique (N s/m^2)

ε_{cap}	porosité du lit adsorbant
ρ	porosité de la structure capillaire
τ	masse volumique (kg m^{-3})
θ	transmittivité
ΔH_{ads}	fraction volumique de la phase adsorbée
Δx	chaleur isostérique d'adsorption (J kg^{-1})
λ	masse de l'adsorbat cyclée, (kg kg^{-1})
λ_{eff}	conductivité thermique (W m^{-1} K^{-1})
η	conductivité thermique équivalente de la structure capillaire
η_o	rendement du capteur
	rendement optique

Indices et exposants

a	adsorbat, adsorbé
ab	absorbeur
ads	adsorption
amb	ambiant
c	capteur
cal	caloduc, fluide caloporteur
cap	capillaire
ch	chauffage
con	condensation, condenseur
e	équivalent
en	fluide à l'entrée du capteur
ev	évaporation, évaporateur
g	gaz
gl	global
f	fluide
l	liquide
max	maximum
met	métallique (acier inoxydable)

min	minimum
r	récepteur (absorbeur)
s	solide (charbon actif)
sat	saturation
so	fluide à la sortie du capteur
st	réservoir de stockage de chaleur
v	vapeur
ve	verre

Abréviations

CA	charbon actif
COP	coefficient de performance
COP_{cycle}	coefficient de performance de cycle
COP_s	coefficient de performance solaire
PFS	puissance frigorifique spécifique (W kg^{-1})
PTC	concentrateur cylindro–parabolique, on utilise ici l'abréviation anglaise (Parabolic Trough Collector).

Introduction générale

Les procédés de réfrigération sont souvent réalisés à l'aide des machines conventionnelles dites à compression de vapeur. De telles machines utilisent des réfrigérants considérés comme inadaptés au développement durable, car ils contribuent à la destruction de la couche d'ozone et au réchauffement planétaire par effet de serre. Ainsi, depuis le début du siècle dernier, la température mondiale moyenne a augmenté à peu près de 0,6 K et pourrait augmenter davantage de 1,4 – 4,5 K vers 2100 [1], selon le Comité Intergouvernemental sur le Changement de Climat (IPCC) de l'ONU.

Pour pallier à ces problèmes, la communauté internationale s'est mobilisée et en 1988, le Programme sur l'Environnement des Nations Unies (PNUE) et l'Organisation Météorologique Mondiale (OMM) ont mis sur pied le Groupe d'experts Intergouvernemental sur l'Évolution du Climat (GIEC), qui a décidé dans le protocole de Montréal la suppression progressive des chlorofluorocarbones (CFCs) et ensuite des hydrochlorofluorocarbones (HCFCs) [2]. Les hydrofluorocarbones (HFCs) ne sont pas concernés par ce protocole signé par 175 pays. De nombreux efforts ont été accomplis par la suite afin de réduire les gaz à effet de serre :

- 1995, 1ère CONFÉRENCE DES PARTIES à Berlin

- 1996, 2ème CONFÉRENCE DES PARTIES à Genève

- 1997, 3ème CONFÉRENCE DES PARTIES à Kyoto

Cette dernière conférence a abouti à un protocole, ratifié par plusieurs pays industrialisés, qui consiste à réduire de 5,2 % en moyenne les émissions des gaz à effet de serre (GES), par rapport au niveau de 1990, à l'horizon 2008-2012 ; les gaz visés sont : CO_2, CH_4, N_2O, HFCs, PFC, SF_6 [3]. Plusieurs conférences se sont succédées pour discuter les points techniques du Protocole de Kyoto ; la 15ème Conférence des Parties a été tenue en 2009 à Copenhague pour essayer de trouver un accord fort qui continuerait l'effort du Protocole de Kyoto.

D'autre part, selon l'Agence Internationale de l'Énergie (International Energy Agency : IEA), la consommation d'énergie dans le monde entier pourrait augmenter de 60 % jusqu'en 2030, voire doubler ou tripler jusqu'en 2050 [4]. Il est alors urgent de chercher d'autres sources d'énergie et des moyens pour exploiter, autant que possible, les ressources d'énergie de manière efficace et plus appropriée.

Dans le contexte énergétique et environnemental actuel (épuisement des réserves d'énergie fossile, constat de plus en plus alarmant des conséquences de l'effet de serre à l'échelle planétaire, etc.), il devient capital de développer des technologies de production d'énergie propre.

Dans le cadre des solutions à mettre en œuvre, les machines frigorifiques à adsorption représentent une bonne solution. En effet, depuis la fin des années 1970, l'intérêt pour ces machines ne cesse d'augmenter en raison des solutions qu'elles présentent, spécialement en matière de défi environnemental, du fait qu'elles utilisent des fluides frigorigènes (méthanol, ammoniac, eau, etc.) considérés comme bénins vis-à-vis de l'environnement. De plus, ces machines ne sont pas bruyantes, leurs coûts de fonctionnement et d'entretien sont très réduits, elles sont dotées d'une grande simplicité de fonctionnement (aucun élément mobile). Par ailleurs, elles peuvent fonctionner directement avec une source d'énergie primaire (chaleur) et donc utiliser les rejets thermiques ou l'énergie solaire [5,6]. Cet aspect va dans le sens de la politique d'utilisation rationnelle des ressources énergétiques [7]. Dans ce contexte, les machines frigorifiques à adsorption fonctionnant grâce à l'énergie solaire sont bien adaptées, d'une part, aux régions isolées non électrifiées où la conservation de produits alimentaires et médicaux est vitale, et d'autre part aux zones où l'ensoleillement est abondant.

Bien que les machines à adsorption offrent les avantages signalés, une expansion du marché pour ces machines demeure encore difficile, à cause des contraintes techniques, ce qui compromet leur compétitivité économique avec les autres filières. Les principaux inconvénients tiennent au faible rendement dû au mauvais transfert de chaleur et de masse dans les adsorbants, au caractère intermittent du cycle thermodynamique et aux difficultés de stockage de l'énergie.

Cependant, ces inconvénients peuvent être surmontés en développant les propriétés de transfert de chaleur et de masse dans les adsorbants, en améliorant les propriétés d'adsorption des couples de fonctionnement, par le développement de cycles de réfrigération à adsorption continus et par une meilleure gestion de chaleur pendant les cycles d'adsorption. C'est dans ce contexte que s'inscrit le présent travail dont l'objectif principal est de montrer la faisabilité des machines frigorifiques solaires utilisant des concentrateurs cylindro-paraboliques couplés avec des caloducs et de développer également des machines à cycle continu.

Ce travail est composé de quatre chapitres et est structuré de la manière suivante :

Le premier et le deuxième chapitres constituent une étude bibliographique. Dans le premier chapitre nous présentons les principales technologies de production de froid ainsi que le fonctionnement de chacune d'elles en mettant l'accent, plus particulièrement, sur les machines frigorifiques à adsorption. Ainsi, nous présentons le phénomène d'adsorption, surtout sous son aspect thermodynamique. Une attention particulière sera donnée aux différentes théories qui régissent ce phénomène. Nous discuterons ensuite les critères de sélection des couples adsorbant/adsorbat utilisés dans ces machines.

Le deuxième chapitre traite de la conversion solaire thermodynamique, nous donnons les caractéristiques de différents capteurs solaires adaptés à la conversion de l'énergie solaire en froid à l'aide des machines frigorifiques à adsorption. Ensuite, nous présentons une étude bibliographique, concernant ces machines.

Dans le troisième chapitre, nous proposons l'étude d'une première configuration de machine frigorifique solaire à adsorption d'ammoniac sur charbon actif. Cette machine fonctionne selon un cycle intermittent et est chauffée à l'aide d'un capteur solaire cylindro-parabolique couplé à un caloduc. Nous présentons notre modèle théorique, basé sur les équations de transfert de chaleur et de masse dans l'adsorbeur et sur les équations du bilan d'énergie dans les autres éléments de la machine. Nous présenterons ensuite les résultats de simulation numérique du fonctionnement du cycle de la machine et de calcul des performances de la machine. Une étude paramétrique est enfin effectuée pour analyser la sensibilité des performances de la machine à des paramètres définissant la configuration géométrique du système, mais aussi à des paramètres de fonctionnement du cycle.

Le quatrième chapitre est consacré à l'étude d'une deuxième configuration de machine frigorifique solaire à adsorption d'ammoniac sur charbon actif où l'énergie solaire est convertie en chaleur à l'aide du concentrateur cylindro-parabolique. Cette nouvelle machine fonctionne selon un cycle continu, grâce à une combinaison de deux adsorbeurs et deux réservoirs de stockage d'eau chaude et froide. Nous développerons un modèle théorique sur la base duquel nous menons une étude de simulation du fonctionnement du cycle de la machine. Enfin, nous effectuerons une étude paramétrique et nous présenterons les résultats de simulation numérique qui seront discutés en termes de performance et de dimensionnement de la machine.

Chapitre 1

Techniques de production du froid et applications

1. Introduction

Depuis les époques les plus reculées, la production du froid était l'une des préoccupations de l'homme et jusqu'à nos jours, en vue d'améliorer ses conditions de vie, il n'a pas cessé de chercher à développer les techniques produisant artificiellement le froid.

Parmi les nombreux domaines d'application du froid, on peut énumérer essentiellement le conditionnement d'air de confort ou industriel, la médecine (cryochirurgie, conservation de produits médicaux et organes...), le traitement des déchets, les industries chimiques et pétrochimiques, le génie civil (refroidissement des bétons, congélation des sols aquifères...), le domaine des loisirs (production de neige artificielle et de glace pour les patinoires), la recherche scientifique (étude de certains matériaux à basse température...). Mais l'utilisation la plus répandue de la production du froid concerne le secteur de l'industrie agroalimentaire (conservation et distribution des denrées périssables).

La production du froid consiste à prélever de la chaleur contenue dans un milieu à refroidir, ce qui se traduit par un abaissement de sa température mais également, bien souvent, par des changements de phases : évaporation, fusion, sublimation, etc. Elle peut être obtenue suivant plusieurs procédés. La question qui se pose est : par quels moyens physiques pouvons-nous arriver à produire le froid désiré ?

2. Procédés de production du froid

Parmi les divers procédés de production du froid, on peut citer principalement :

- la vaporisation d'un liquide ;
- la réfrigération thermoélectrique (effet Peltier) ;
- la détente d'un gaz comprimé ;
- la désaimantation adiabatique ;
- la sublimation d'un solide ;
- la fusion d'un solide, etc.

La vaporisation d'un liquide permet de produire du froid par l'absorption de la chaleur à travers un échangeur (évaporateur), la vapeur produite étant ultérieurement liquéfiée dans un autre échangeur (condenseur), le fluide décrit ainsi un cycle au sein d'une machine fonctionnant généralement de manière continue. Les machines utilisant ce principe peuvent être regroupées principalement en deux grandes familles qui sont les machines à compression mécanique de vapeur et les machines à sorption (absorption, adsorption) que nous examinerons dans ce chapitre.

La réfrigération thermoélectrique permet de produire de petites quantités de froid. Elle est basée sur un phénomène réversible dénommé effet Peltier : si on applique une tension continue entre les deux bornes d'un circuit électrique composé de deux métaux ou de deux semi-conducteurs de natures différentes, on observe un dégagement de chaleur à l'une des soudures (jonction chaude) et une absorption de chaleur à l'autre soudure (jonction froide).

La détente d'un gaz comprimé repose sur le principe selon lequel lorsqu'un gaz est comprimé, il absorbe de la chaleur et au cours de sa détente, il restitue cette chaleur.

La désaimantation adiabatique consiste en une réorganisation du cortège électronique d'un corps, en utilisant les propriétés magnétiques. Ce procédé est le plus utilisé actuellement en ultra basses températures (10^{-2} à 10^{-6} K).

La sublimation d'un solide est un procédé de production du froid utilisant la propriété de certains solides qui, par absorption de chaleur, peuvent se vaporiser sans passer par l'état liquide. Le dioxyde de carbone (CO_2) est couramment utilisé qui, à la pression atmosphérique, a une température de sublimation de $-78,9$ °C. Ce procédé a l'inconvénient d'être coûteux car les vapeurs n'étant pas récupérées et recyclées.

La fusion d'un corps solide se fait par absorption d'une quantité de chaleur dénommée chaleur latente de fusion du corps considéré. Cette chaleur est empruntée aux produits environnants. Ce procédé discontinu bien que simple présente l'inconvénient de nécessiter une congélation préalable à moins que cet état soit disponible à l'état naturel.

Le **tableau 1.1** fait le point des principales applications du froid.

Réfrigération classique	Gamme de températures (°C)	Applications
Conditionnement d'air	+16 à +26	Confort humain
Réfrigération des denrées	0 à +10	Conservation des aliments à court/moyen terme
Congélations des denrées	-35 à 0	Conservation des aliments à long terme
Lyophilisation	-80 à -30	Dessiccation à basse température
Traitements divers	-200 à 0	Applications chimiques–Essais thermiques des matériaux
Cryogénie (production du froid à très basses températures)	**Gamme de températures (K)**	**Applications**
Liquéfaction du gaz naturel	93 à 113	Transport en phase liquide (méthanier)
Liquéfaction de l'air	70 à 80	Distillation
Liquéfaction de l'hydrogène	14 à 30	Recherche nucléaire
Liquéfaction de l'hélium	1 à 5	Supraconductivité
Méthodes magnétiques	10^{-3} à 10^{-2}	Recherche fondamentale

Tableau 1.1 : Principales applications du froid [8].

3. Machines frigorifiques à compression de vapeur

L'installation frigorifique à compression de vapeur est l'installation la plus utilisée pour la production du froid. Le circuit frigorifique à compression mécanique d'une vapeur avec changement de phase est constitué essentiellement de quatre éléments, à savoir un évaporateur, un compresseur, un condenseur et un détendeur (figure 1.1) :

- L'évaporateur est un échangeur thermique interposé entre le milieu à refroidir, qu'il soit un fluide gazeux ou liquide, et le fluide frigorigène, circulant dans le circuit de l'installation, qui se vaporise en prélevant de la chaleur au milieu à refroidir. L'évaporateur permet aussi de surchauffer le fluide frigorigène gazeux ;
- Le compresseur est un appareil qui aspire les vapeurs produites par l'évaporateur à basse pression et les refoule à haute pression vers le condenseur ;
- Le condenseur est un échangeur thermique où l'échange de chaleur s'effectue entre le fluide frigorigène et un fluide de refroidissement (liquide, gaz). Le fluide frigorigène se condense et réchauffe le fluide de refroidissement. Le rôle du condenseur est donc l'évacuation de la quantité de chaleur cédée au fluide frigorigène lors de son évaporation ainsi que l'équivalent thermique du travail du compresseur ;
- Le détendeur a pour rôle de détendre le fluide frigorigène, permettant la réduction de sa pression et sa température ; il produit un effet inverse de celui du compresseur.

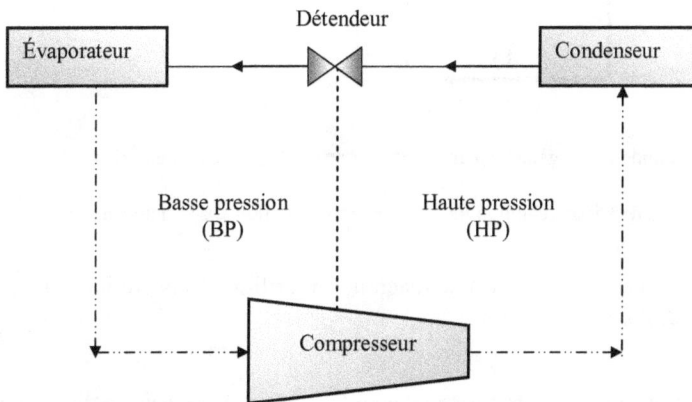

Figure 1.1 : Schéma d'une machine frigorifique à compression de vapeur.

4. Machines frigorifiques à absorption

4.1. Principe de fonctionnement d'une machine à absorption

La machine frigorifique à absorption comprend un ensemble d'éléments communs avec celle à compression de vapeur à savoir ; le condenseur, l'évaporateur et la vanne de détente. Par contre, le compresseur mécanique de la machine frigorifique à compression de vapeur est remplacé par un ensemble d'éléments qui joue le rôle de "compresseur thermique". Ces éléments sont le bouilleur, le réducteur de pression, l'absorbeur et la pompe de circulation (figure 1.2).

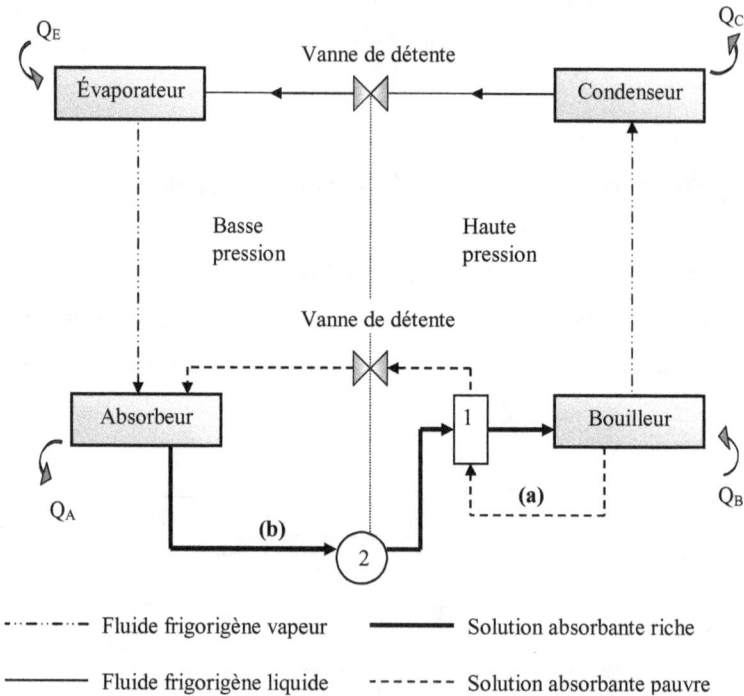

Figure 1.2 : Schéma de base d'une machine frigorifique à absorption – 1. Échangeur de chaleur ; 2. Pompe à solution.

La vaporisation du fluide frigorigène liquide se fait au niveau de l'évaporateur ; la chaleur nécessaire à cette vaporisation est puisée du milieu à refroidir. Les vapeurs du

9

fluide frigorigène parviennent ensuite à l'absorbeur. La solution (a) arrivant à l'absorbeur et provenant du bouilleur est dite pauvre car elle contient un faible pourcentage de fluide frigorigène, le reste du mélange étant composé du solvant (absorbant). Le mélange (b) ayant augmenté son titre en fluide frigorigène est alors dénommé solution riche (sous-entendu en fluide frigorigène). Grâce à une pompe de circulation, cette solution riche est pompée vers le bouilleur après avoir traversé un échangeur qui permet de préchauffer la solution riche froide par la solution pauvre chaude et donc de refroidir cette dernière.

La solution riche en fluide frigorigène qui arrive au bouilleur y reçoit une certaine quantité de chaleur ce qui permet de dégazer le fluide frigorigène (sa séparation du solvant). Ensuite les vapeurs du fluide se dirigent vers le condenseur tandis que le solvant, après passage dans l'échangeur de chaleur, retourne à l'absorbeur où il va absorber les vapeurs de fluide frigorigène en provenance de l'évaporateur. Le mélange binaire riche en fluide frigorigène est renvoyé au bouilleur. Pendant ce temps, les vapeurs de fluide frigorigène qui se sont séparées du solvant dans le bouilleur s'en vont vers le condenseur, le liquide formé étant ensuite détendu avant de pénétrer dans l'évaporateur où il s'évapore en produisant l'effet utile.

Dans une machine frigorifique à absorption, l'extraction des vapeurs de fluide frigorigène de la solution riche ne peut s'effectuer dans le bouilleur que moyennant un apport de chaleur ; qu'il s'agisse de vapeur, de gaz brûlés ou autres.

En réalité, la machine frigorifique à absorption comprend, en plus des éléments de base schématisés ci-dessus, d'autres éléments complémentaires : le sous refroidisseur de liquide entre le condenseur et l'évaporateur et le rectificateur entre le bouilleur et le condenseur, le rôle de ces éléments étant de renvoyer au bouilleur le solvant qui aurait pu être entraîné avec le fluide frigorigène à la sortie du bouilleur.

4.2. Mélanges binaires

Les mélanges binaires les plus utilisés dans les machines frigorifiques à absorption sont les mélanges (fluide frigorigène/absorbant) de : eau/bromure de lithium

(H_2O/LiBr) ainsi que ammoniac/eau (NH_3/H_2O). Les différents avantages et inconvénients de ces mélanges sont regroupés au tableau 1.2 :

Mélange binaire	Avantages	Inconvénients
H_2O/LiBr	-faible tension de vapeur ; -absence de colonne de rectification du fait que les solutions de LiBr ne sont pas volatiles ; -coefficient de performance élevé ; -basses pressions d'opération ; -environnementalement inoffensif ; -chaleur latente de vaporisation élevée.	-impossibilité de descendre en dessous du point de congélation de l'eau ; -risque de congélation, donc un dispositif anti-cristallisation est nécessaire ; -risques de corrosion pouvant résulter d'une réaction avec l'oxygène de l'air ; -les sels de bromure de lithium ne sont pas solubles à l'infini dans l'eau.
NH_3/H_2O	-possibilité de descendre à des températures d'évaporation de l'ordre de –60 °C ; -conductivité thermique élevée.	-pression élevée du fluide frigorigène ce qui nécessite de prévoir des épaisseurs de matériaux importantes ; -présence d'une colonne de rectification du fait de la volatilité du solvant ; -toxicité de l'ammoniac et donc du mélange.

Tableau 1.2 : Comparaison entre les systèmes d'absorption avec NH_3/H_2O et H_2O/LiBr.

En général, le rendement des machines frigorifiques à absorption est plus faible que celui des machines à compression mécanique, mais du fait que ces machines fonctionnent à l'aide d'un apport de chaleur, elles deviennent plus compétitives dans certaines applications. Actuellement, elles font l'objet de recherches, soit dans le but d'améliorer le rendement ou bien dans le but de les adapter à des nouvelles sources d'énergie à basses températures.

5. Machines frigorifiques à adsorption

Parmi les domaines d'application de l'adsorption, figure celui de la production du froid. Dans une machine frigorifique à adsorption, le compresseur mécanique de la machine à compression d'une vapeur est remplacé par un compresseur thermique, appelé réacteur ou adsorbeur. Celui-ci est est l'élément le plus important de chaque machine frigorifique à adsorption ; c'est le lieu où se produisent les processus d'adsorption et de désorption entre le fluide frigorigène et l'adsorbant (solide microporeux).

Avant d'examiner le fonctionnement des machines frigorifiques à adsorption, nous allons présenter tout d'abord les principales notions afférentes au phénomène d'adsorption.

5.1. Phénomène d'adsorption

5.1.1. Définition de l'adsorption

L'adsorption est un phénomène d'interface très répandu dans la nature qui se manifeste entre un solide et un gaz ou entre un solide et un liquide. Dans la plupart des cas, le phénomène d'adsorption a lieu entre un gaz et la surface d'un solide dans lequel les atomes ou les molécules de la substance gazeuse sont attirées et fixées à la surface du solide. La surface adsorbante est appelée adsorbant ou substrat tandis que la molécule adsorbée est appelée adsorbat (figure 1.3). Son origine provient du fait que tout atome ou molécule qui s'approche d'une surface subit une attraction qui peut conduire à la formation d'une liaison entre la particule et la surface. Ce phénomène constitue l'adsorption qui se distingue de l'absorption, se produisant lorsque les molécules absorbées pénètrent au cœur du solide absorbant.

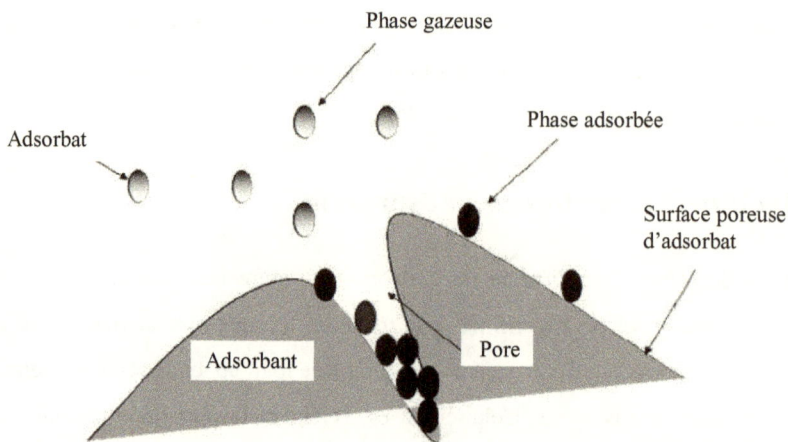

Figure 1.3 : Représentation schématique du phénomène d'adsorption.

L'adsorption a été utilisée dès l'antiquité où les propriétés adsorbantes des argiles ou du charbon étaient déjà connues pour la purification d'huiles ou le dessalement d'eau. Les premiers pas de recherche dans ce domaine s'appuient sur l'étude des propriétés des matériaux adsorbants et leurs applications industrielles. L'étude du phénomène d'adsorption a suscité l'intérêt des physiciens sur le plan de la modélisation et de l'interprétation dont le but est de comprendre ce processus à l'échelle moléculaire.

Les molécules adsorbées sur la surface de l'adsorbant se présentent généralement, soit sous la forme d'une couche en contact direct avec la surface, ou bien sous la forme de plusieurs couches de molécules adsorbées. Dans le premier cas, les molécules peuvent être liées physiquement ou chimiquement à la surface de l'adsorbant, alors que dans le deuxième cas, l'adsorption dépend des interactions entre les couches successives de molécules adsorbées [9].

On distingue deux types de phénomènes d'adsorption, selon la nature des interactions qui lient l'adsorbat à la surface de l'adsorbant. Ces interactions d'adsorption peuvent

13

être d'origine physique, on emploiera le terme de physisorption, ou chimique et on parlera de chimisorption.

▪ Chimisorption

La chimisorption (ou adsorption chimique) est le processus par lequel l'adsorbant et l'adsorbat établissent soit des liaisons ioniques ou bien des liaisons covalentes avec création d'une nouvelle espèce chimique en surface. Dans ce type d'adsorption les énergies mises en jeu sont d'ordre supérieur à dix kilocalories par mole (formation des liaisons chimiques fortes). Généralement, la chimisorption est un phénomène irréversible dont la vitesse d'adsorption est lente et la désorption est difficile. Elle est favorisée par une augmentation de température.

▪ Physisorption

La physisorption (ou adsorption physique) est un phénomène qui résulte des forces intermoléculaires d'attraction entre les molécules du solide et celles de la substance adsorbée. Elle se produit sans modification de la structure moléculaire et les énergies mises en jeu sont de l'ordre de quelques kilocalories par mole ; elle peut être comparée à une condensation des molécules sur la surface du solide microporeux. Elle est favorisée, contrairement au phénomène de chimisorption, par une diminution de température et le phénomène inverse (désorption) est possible si on augmente la température ; il s'agit d'un phénomène exothermique et réversible.

Lors de l'adsorption physique entre l'adsorbant et l'adsorbat, les forces mises en jeu se résument, principalement, en forces de Van Der Waals, qui s'exercent entre les molécules [10].

L'adsorption physique peut avoir lieu en monocouche ou en multicouches alors que l'adsorption chimique est uniquement monomoléculaire car la présence des liaisons de valence entre l'adsorbat et l'adsorbant exclut la possibilité de couches multimoléculaires.

Dans le cadre de ce travail, nous nous intéresserons plus particulièrement aux interactions gaz/solide et nous n'examinerons que les théories l'adsorption physique.

5.1.2. Mise en évidence du phénomène d'adsorption

Il y a plusieurs techniques couramment utilisées et permettant d'évaluer la quantité de molécules gazeuses fixées à la surface d'un solide, en fonction des paramètres définissant l'état du système : pression et température du gaz considéré. Les principales techniques sont comme suit [11] :

- La thermogravimétrie

La fixation d'une molécule de gaz sur un solide contribue à faire varier la masse de ce solide et une simple pesée permet d'obtenir des informations sur la quantité fixée en fonction des paramètres du système tels que la pression et la température.

- La volumétrie

En système fermé, la fixation d'une molécule de gaz sur un solide contribue à faire diminuer la pression partielle de ce gaz et une simple mesure de pression dans le réacteur permet d'accéder aux informations souhaitées.

- La calorimétrie

Le phénomène d'adsorption se caractérise par un effet exothermique et il existe aujourd'hui des calorimètres suffisamment sensibles pour déterminer la chaleur mise en jeu et donc d'accéder à des informations sur la quantité adsorbée.

- Autres méthodes

Les méthodes ci-dessus sont valables pour la physisorption et la chimisorption. Dans le cas de la chimisorption, les transferts électroniques, peuvent donner lieu à des modifications des propriétés électriques du matériau. De telles évolutions peuvent être exploitées par des mesures de conductivité électrique ou par des mesures de potentiel de surface.

5.1.3. Régénération

La régénération, ou désorption du gaz, peut être accomplie par l'un des procédés suivants [12] :

- en augmentant la température du solide afin que la tension de vapeur de l'adsorbat devienne supérieure à sa pression partielle dans la phase gazeuse ;

- en réalisant un vide au dessus du solide de sorte que la pression totale soit inférieure à la tension de vapeur de l'adsorbat. Il faudra cependant fournir suffisamment de chaleur pour éviter une baisse de température due à l'endothermicité.

- en faisant circuler une vapeur inerte à travers l'adsorbant afin de maintenir la pression partielle de l'adsorbat inferieure à la pression d'équilibre de l'adsorbat sur le solide. On peut utiliser à cet effet une vapeur surchauffée dont la condensation partielle fournira les calories nécessaires à condition que les phases liquides présentées soient immiscibles.

- en traitant le solide avec une autre vapeur qui en s'adsorbant préférentiellement déplace l'adsorbat préalablement adsorbé (phénomène d'élution).

5.1.4. Notion d'équilibre d'adsorption

Lorsqu'un gaz s'adsorbe sur un solide, il y a distribution des molécules de ce gaz entre les phases gazeuse et adsorbée jusqu'à un état d'équilibre.

Selon la loi des phases de Gibbs, le nombre de degrés de liberté d'un système, N, d'un nombre de constituants, C, d'un nombre de phases, φ, et d'un nombre de réactions indépendantes, r, est donné par [13] :

$$N = C + 2 - \varphi - r \qquad\qquad (1.1)$$

Dans le cas de l'adsorption d'un corps pur sur un solide, nous avons : $C = 2$, $\varphi = 2$ et $r = 0$. Le système est donc bivariant, deux paramètres suffisent pour décrire complètement l'équilibre du système, la masse adsorbée est fonction de deux paramètres : la température et la pression, ce qui se traduit par la relation $m=f(T,P)$.

Par conséquent, les équilibres peuvent être décrits de trois manières :

- Les isothermes : pour un couple donné (adsorbant/adsorbat), une isotherme d'adsorption exprime, à une température donnée, la capacité statique (à l'équilibre thermodynamique) d'adsorption, c'est-à-dire la masse adsorbée (m) par l'unité de masse de l'adsorbant en fonction de la pression du gaz dans la phase vapeur. En général, cette masse dépend de la température (T), de la pression (P) de la vapeur, et de la nature du gaz et du solide (figure 1.4).

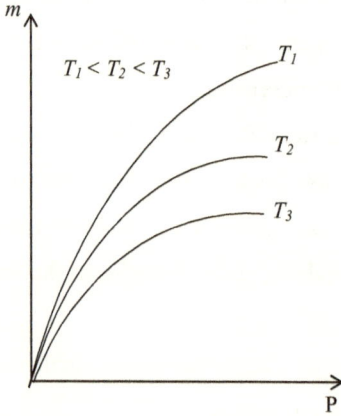

Figure 1.4 : Isothermes d'adsorption.   **Figure 1.5** : Isobares d'adsorption.

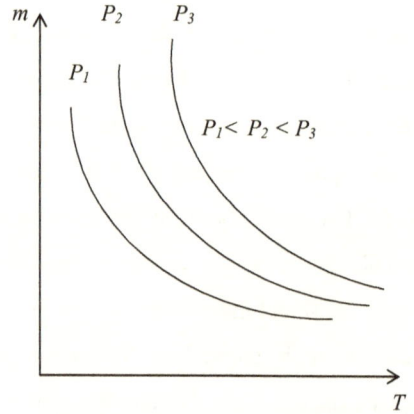

- Les isobares : qui traduisent les variations de la masse adsorbée en fonction de la température à pression partielle constante de l'adsorbat dans la phase gazeuse (figure 1.5).

- Les isostères : qui donnent la pression partielle de l'adsorbat dans la phase gazeuse en fonction de la température à masse adsorbée constante (figure 1.6).

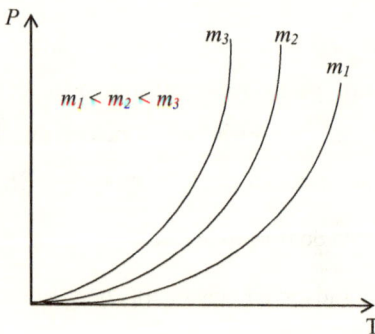

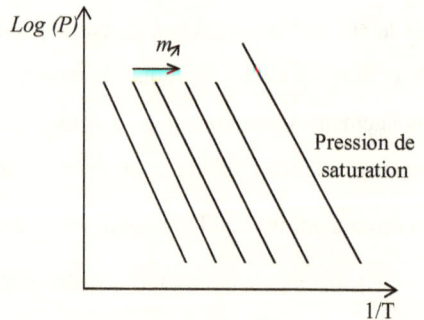

Figure 1.6 : Schémas représentatifs des isostères d'adsorption.

17

En se reportant à ces figures, représentant l'équilibre sous forme graphique, on constate que :

- à température constante, la masse adsorbée augmente avec la pression ;
- à pression constante, la masse adsorbée diminue lorsque la température augmente ;
- et pour une masse adsorbée constante, la pression augmente lorsque la température augmente.

5.1.4.1. Isothermes d'adsorption

Selon le couple adsorbant/adsorbat étudié, il existe différents profils d'isothermes, mais les principales sont celles de Langmuir, Freundlich et Brunauer, Emmet et Teller (BET). Selon BET, auxquels on doit les premières descriptions complètes de l'adsorption physique, les isothermes d'adsorption peuvent être classées en cinq catégories, comme schématisé sur la figure 1.7, dans laquelle, P représente la pression d'équilibre (pression partielle), P_{sat} désigne la pression de vapeur saturante du gaz à la température considérée (tension de vapeur de l'adsorbat) et P/P_{sat} étant la pression relative.

- Le type 1 : représente le cas d'une adsorption en couche monomoléculaire d'adsorbat. Ce type d'isothermes correspond au remplissage de micropores avec saturation lorsque la couche est totalement remplie. Cette forme est à rapprocher du modèle mathématique de Langmuir qui sera abordé dans le paragraphe 5.1.5.1.1 et dans lequel les sites d'adsorption sont considérés équivalents.

- Le type 2 : est caractérisé par une supériorité de l'attraction par l'adsorbant vis-à-vis des attractions intermoléculaires de l'adsorbat ; la première partie de la courbe correspond à une adsorption monomoléculaire, ensuite il se forme une couche multimoléculaire dont l'épaisseur augmente lorsque la pression d'équilibre s'approche de la tension de vapeur saturante.

- Le type 3 : reflète un manque d'affinité entre l'adsorbat et l'adsorbant, il représente le cas où les interactions entre l'adsorbant et les molécules d'adsorbat sont faibles,

18

mais suffisantes pour accroître la tendance des molécules à s'accumuler sur la surface de l'adsorbant.

▪ Les types 4 et 5 : leurs parties inférieures (valeurs plus faibles de P/P_{sat}) ressemblent à celles des types 2 et 3, respectivement. Mais les parties supérieures sont expliquées par l'existence des pores et des capillaires dans l'adsorbant, qui se remplissent à une pression plus faible que la tension de vapeur saturante à la température considérée. L'adsorption multicouche est alors suivie d'une condensation capillaire, le maximum obtenu pour la quantité adsorbée correspond au remplissage complet de toutes les capillarités.

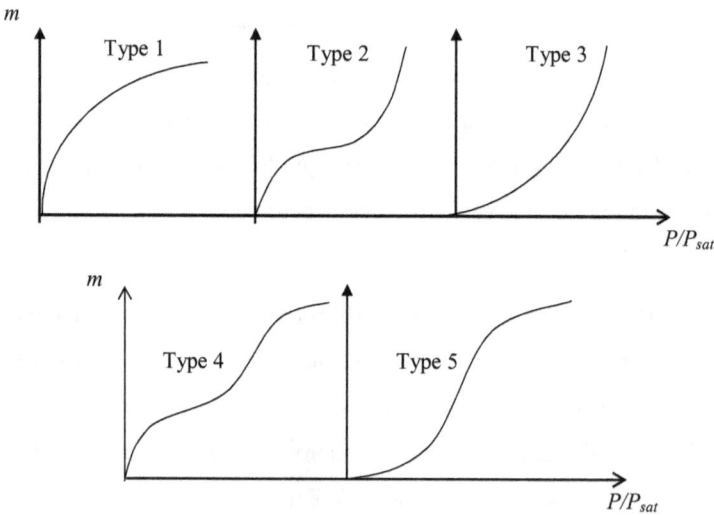

Figure 1.7 : Types d'isothermes d'équilibre d'adsorption [14].

5.1.4.2. Chaleur d'adsorption

L'adsorption d'un gaz sur un solide adsorbant est un changement de phase de premier ordre. Elle est en ce sens, analogue à une liquéfaction. La variation d'enthalpie correspondante est appelée chaleur isostérique d'adsorption (ΔH_{ads}), elle peut être décomposée en deux termes qui correspondent aux deux étapes habituelles du passage de la phase vapeur à la phase adsorbée :

- étape 1 : condensation : $\Delta H_1 = \Delta H_{cond}$

- étape 2 : adhésion ou fixation des molécules sur la surface active : $\Delta H_2 = \Delta H_{adh}$, soit

donc : $\Delta H_{ads} = \Delta H_{adh} + \Delta H_{cond}$

ΔH_{cond} ne fait intervenir que les propriétés de l'adsorbat, tandis que ΔH_{adh} est directement liée aux interactions adsorbant/adsorbat. C'est cette dernière grandeur qui est la plus importante.

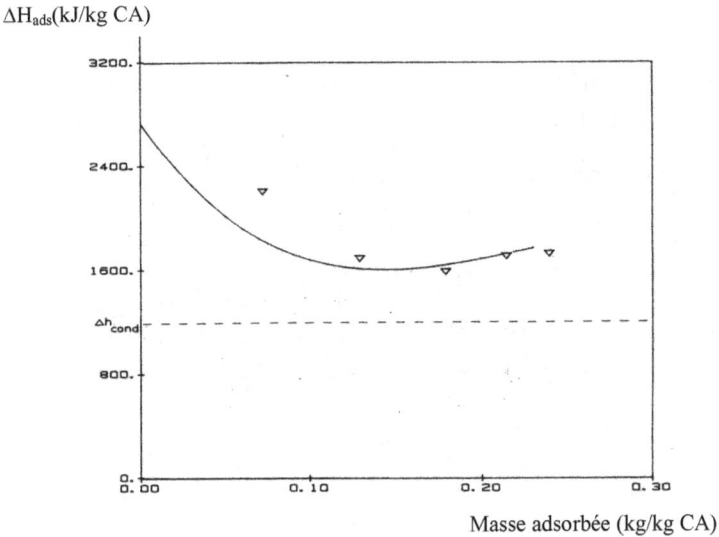

ΔH_{ads}(kJ/kg CA)

Masse adsorbée (kg/kg CA)

Figure 1.8 : Chaleur isostérique d'adsorption de l'ammoniac sur charbon actif BPL (à 30°C) [15].

5.1.5. Théories descriptives de l'adsorption

En général, pour un gaz, la quantité retenue par un échantillon donné dépend de la température T, de la pression P de la vapeur, de la nature du gaz et des propriétés de la surface d'adsorption. Ainsi pour pouvoir décrire et interpréter convenablement le phénomène d'adsorption conformément aux expériences réalisées ainsi que prédire et représenter les isothermes de mélanges de gaz sur différents adsorbants, divers modèles ont été proposés. Nous discutons brièvement dans ce qui suit quelques théories de la littérature.

5.1.5.1. Modèles moléculaires

5.1.5.1.1. Théorie de Langmuir

La première théorie fondamentale de l'adsorption des gaz sur des solides fut proposée par Langmuir en 1918 [16]. Le modèle repose principalement sur les quatre hypothèses suivantes [9,16] :

▪ l'adsorption est localisée et ne donne lieu qu'à la formation d'une seule couche d'adsorbat ;

▪ la surface d'adsorption est supposée uniforme ce qui entraîne que les sites d'adsorption sont identiques, et font intervenir les mêmes énergies d'interaction ;

▪ chaque site ne peut fixer qu'une seule molécule, donc l'adsorption s'effectue suivant une couche monomoléculaire ;

▪ les molécules adsorbées n'interagissent pas entre elles.

En se basant sur ces hypothèses, Langmuir a pu exprimer l'existence d'un équilibre dynamique entre les molécules qui se fixent sur la surface et celles qui quittent la surface. Il a établi une équation de la forme :

$$\frac{x}{x_o} = \frac{bP}{1+bP} \tag{1.2}$$

x est la masse adsorbée par l'unité de masse d'adsorbant, à la pression partielle P de l'adsorbat dans la phase gazeuse ; x_o est la masse qui serait adsorbée si toute la surface était complètement recouverte par une couche monomoléculaire de l'adsorbat ; et b est une fonction de la température et de l'enthalpie d'adsorption d'une molécule de l'adsorbat. Les sites étant considérés comme isoénergétiques et les molécules adsorbées parfaitement indépendantes les unes des autres, cette enthalpie d'adsorption est donc constante.

La théorie de Langmuir suppose que l'adsorption se fait en monocouche, ce qui n'est pas toujours vrai. Aussi cette théorie est mise en défaut lorsque la surface n'est pas uniforme. Dans ce cas, l'énergie de liaison sur les sites est alors variable.

5.1.5.1.2. Théorie de B.E.T.

En 1938, Brunauer, Emmett et Teller ont proposé une généralisation de la théorie de Langmuir, ainsi ils ont développé un modèle caractérisant une adsorption multicouche à la surface du solide. Ce modèle est basé sur les hypothèses simplificatrices suivantes [18] :

- l'adsorption est localisée sur des sites bien définis et équivalents ;
- il n'y a aucune interaction entre les molécules adsorbées ;
- l'adsorption s'effectue par empilement successif des molécules en multicouche : les molécules adsorbées de la première couche servant de sites d'adsorption pour les molécules de la deuxième couche, etc. ;
- il existe un équilibre permanent entre les molécules qui sont adsorbées et celles qui sont désorbées.

Ainsi, la principale différence par rapport à la théorie de Langmuir résulte du fait que les molécules de l'adsorbat peuvent s'adsorber sur des sites déjà occupés. La chaleur libérée au cours de l'adsorption sur de tels sites est alors égale à la chaleur normale de liquéfaction.

L'équation de B.E.T., pour un nombre n fini de couches, s'écrit sous la forme :

$$x = x_o \left(\frac{c\,p_r}{1-p_r} \right) \left[\frac{1-(n+1)\,p_r^{\,n} + n\,p_r^{\,n+1}}{1+(c-1)\,p_r - c\,p_r^{\,n+1}} \right] \qquad (1.3)$$

x_o représente la masse qui serait adsorbée si l'adsorbant était entièrement recouvert d'une monocouche ; P est la pression partielle de l'adsorbat ; P_{sat} désigne la tension de vapeur de l'adsorbat ; c est une fonction de la température, de la chaleur d'adsorption des molécules sur la première couche et de la chaleur de liquéfaction, tandis que P_r dénote la pression relative, avec :

$$P_r = \frac{P}{P_{sat}} \qquad (1.4)$$

Pour qu'un site puisse contenir plusieurs molécules, ce modèle suppose que la première molécule adsorbée peut elle-même servir de site récepteur pour la deuxième molécule qui vient s'adsorber sur le même site (cf. fig. 1.9). La première couche adsorbée est différente des autres puisqu'elle est liée directement à la surface et il lui correspond donc une énergie d'interaction avec la surface plus importante que celle relative aux couches suivantes [19].

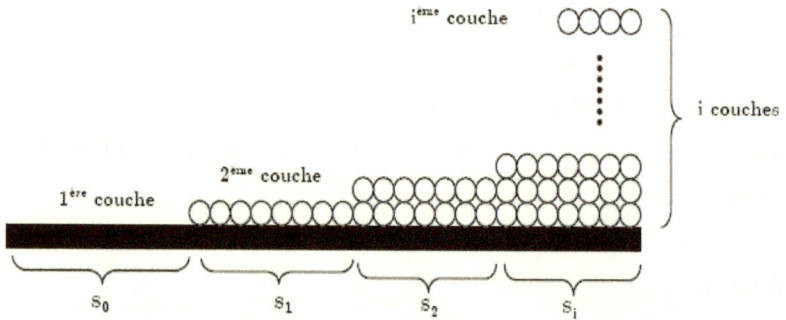

Figure 1.9 : Schéma représentatif du modèle de BET [19,20].

5.1.5.2. Modèles thermodynamiques

5.1.5.2.1. Modèle de Polanyi

Le concept de base de cette théorie [21–23] suppose que le potentiel d'adsorption et la courbe caractéristique d'adsorption sont indépendants de la température. Ce potentiel thermodynamique de Polanyi (A) représente le changement d'énergie libre de Gibbs entre la phase gazeuse, à température T et à pression de saturation P_{sat}, et la phase adsorbée à la même température T et à la pression d'équilibre P. Il s'écrit sous la forme :

$$A = R T \, Log(P_{sat} / P) = -\Delta G \tag{1.5}$$

C'est une approche purement thermodynamique, qui est bien adaptée pour la description de l'adsorption sur des matériaux microporeux. Ce modèle a été développé ensuite par Dubinin, vers la fin des années 1920 [24].

23

5.1.5.2.2. Modèle de Dubinin

Dubinin et Raduchkevich ont développé une relation basée sur la corrélation entre la quantité adsorbée et le potentiel thermodynamique de Polanyi. L'avantage majeur de cette équation réside dans le fait qu'elle utilise des paramètres bien définis, indépendants de la température à l'exception de P_{sat} ce qui permet de décrire les isothermes d'adsorption avec un minimum de données. L'équation de Dubinin–Radushkevich (DR) s'écrit [10,18,19] :

$$x = x_o \exp\left[-\left(A/\phi E_0\right)^2\right] \tag{1.6}$$

x_o représente la quantité limite adsorbée, ϕ est le coefficient d'affinité, tandis que E_0 désigne l'énergie caractéristique du solide.

Dubinin et Astakhov ont développé un autre modèle plus général, qui donne l'expression de la variation de la quantité d'adsorbat. L'équation de Dubinin–Astakhov est donnée par [10] :

$$x = x_o \exp\left[-\left(A/\phi E_0\right)^n\right] \tag{1.7}$$

L'exposant n, dans cette équation, indique l'hétérogénéité du solide. Plus il est élevé, plus la structure du solide est homogène. Même si l'équation de Dubinin–Astakhov est essentiellement utilisée dans le cas de l'adsorption sur des solides microporeux, il a été démontré que cette approche est également valable pour décrire l'adsorption sur des surfaces non poreuses [19].

5.1.6. Généralités sur les solides microporeux

5.1.6.1. Définition d'un milieu poreux

Un milieu poreux est un ensemble hétérogène constitué par une matrice solide, déformable ou non, à l'intérieur de laquelle se trouvent des espaces libres accessibles à un fluide. Lorsque le fluide, traverse un tel milieu, celui-ci est le siège de transferts massiques et thermiques se situant au sein des phases solides et gazeuses, ainsi qu'au niveau de leur surface de contact.

Les adsorbants présentent généralement des cavités vides à l'intérieur de leurs volumes. Ces cavités appelées des pores, peuvent se présenter sous différentes formes. Ainsi la porosité interne d'un grain est définie comme étant la proportion occupée par le vide sur le volume total occupé par le grain. L'adsorption devient importante lorsque le nombre de pores existants à la surface de l'adsorbant augmente. La figure 1.10 illustre différents types de pores hypothétiques au sein d'un milieu poreux.

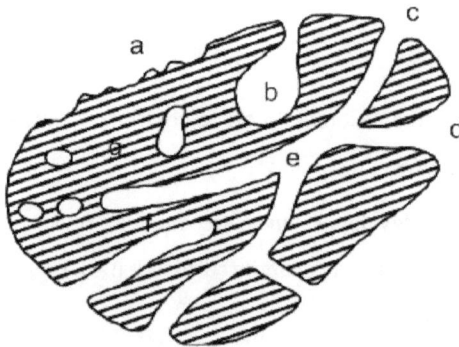

Figure 1.10 : Schématisation des différentes formes de pores : (a) rugosité, (b) pores bouteilles, (c) : pores cylindriques, (d) pores en entonnoir, (e) : pores interconnectés, (f) pores en doigts de gant, (g) pores fermés [18].

5.1.6.2. Caractéristiques géométriques

5.1.6.2.1. Porosité

La porosité (c) est une grandeur adimensionnelle, définie comme étant le rapport entre le volume offert au fluide et le volume total du milieu poreux.

La plupart des adsorbants solides commercialisés sont disponibles sous forme de grains, l'analyse de la structure de ces adsorbants a permis de distinguer trois échelles de la porosité (figure 1.11) : une porosité intergranulaire (ε_m) constituée par le vide existant entre les grains de l'adsorbant, une porosité macroporeuse (ε_g) constituée par les macropores existant dans les grains et une porosité microporeuse (ε_i), constituée par les micropores. Ces porosités sont définies comme suit :

25

$$\varepsilon_m = \frac{V_m}{V_T} \quad ; \quad \varepsilon_g = \frac{V_g}{V_{grain}} \quad ; \quad \varepsilon_i = \frac{V_i}{V_{grain}} \qquad (1.8)$$

avec :

V_g volume des macropores dans un grain

V_{grain} volume d'un grain

V_i volume des micropores dans un grain

V_m volume interstitiel

V_T volume total du milieu poreux

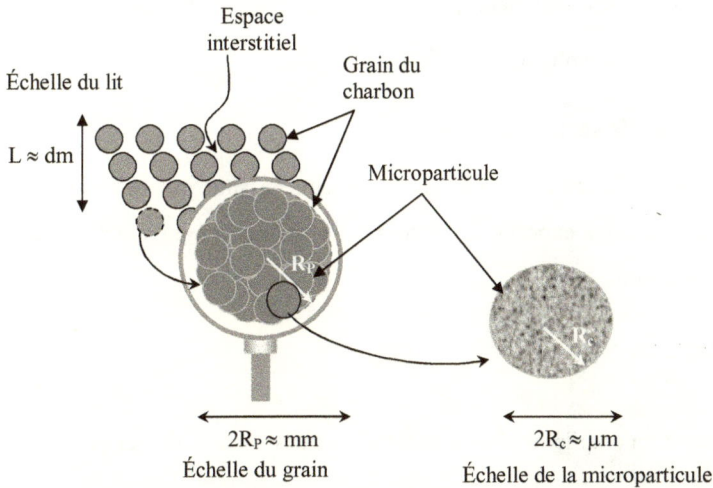

Figure 1.11 : Schéma de différentes échelles dans un adsorbant solide [25].

5.1.6.2.2. Diamètre équivalent des grains d'adsorbant

On définit le diamètre équivalent (d) d'un grain du solide non sphérique comme étant le diamètre de la sphère de même volume. Si V_g caractérise le volume d'un grain, alors ce diamètre s'écrit sous la forme :

$$d = \left(\frac{6 v_g}{\pi} \right)^{1/3} \qquad (1.9)$$

26

5.1.6.2.3. Facteur de forme

Le facteur de forme, F_f, caractérise la sphéricité de la particule. Il est défini comme étant le rapport entre la surface de la sphère de même volume que la particule et la surface de cette dernière :

$$F_f = \frac{\pi d^2}{s_p} = (36\pi)^{1/3} \frac{v_g^{2/3}}{s_p} \tag{1.10}$$

où s_p est la surface d'un grain du solide.

Le coefficient F_f est supérieur à 1 pour une particule de forme quelconque et égal à 1 pour une particule sphérique.

5.1.6.2.4. Taux de surface de contact

Lorsque les particules constituant le lit poreux ne sont pas sphériques, le taux de surface de contact s'exprime en fonction du diamètre équivalent et du facteur de forme comme suit :

$$\tau = \frac{6(1-\varepsilon)}{F_f d} \tag{1.11}$$

Dans le cas d'un empilement de sphères identiques, ce taux devient donc :

$$\tau = 6\frac{(1-\varepsilon)}{d_{sp}} \tag{1.12}$$

où d_{sp} est le diamètre des particules sphériques.

5.1.7. Modes de transfert de chaleur et de masse dans les milieux poreux

5.1.7.1. Transferts thermiques dans un milieu poreux

Dans un milieu poreux, constitué de deux phases (fluide et solide), les échanges thermiques ont lieu au sein du fluide et du solide et à l'interface solide–fluide. Ils font intervenir les trois modes de transferts de chaleur : par conduction, convection et par rayonnement [14].

5.1.7.1.1. Transfert par conduction

- Au sein des particules solides ;
- Au sein des particules gazeuses situées dans l'espace intergranulaire ;
- A travers la couche limite entourant les points de contact entre les particules ;
- A travers les zones de contact entre les particules.

5.1.7.1.2. Transfert par convection

- Convection naturelle dans le gaz ;
- Convection forcée à l'interface solide-gaz ;
- Convection forcée due à l'écoulement d'ensemble.

5.1.7.1.3. Transfert par rayonnement

- Rayonnement entre les surfaces adjacentes appartenant à des particules différentes ;
- Rayonnement entre les surfaces des particules qui peuvent "se voir" ;
- Absorption du rayonnement dans le gaz.

Les mécanismes de transmission dus au rayonnement entre grains n'interviennent que pour des températures élevées, tandis que le mode de transfert dû aux mouvements de convection naturelle du gaz interstitiel peut être négligé, dès que les distances entre les grains sont inférieures au centimètre.

5.1.7.2. Transfert de masse dans un milieu poreux

Généralement, le transfert de masse dans un milieu poreux est régi par deux mécanismes :
- écoulement de diffusion régi par la loi de fick ;
- écoulement de filtration.

L'analyse de la structure poreuse des adsorbants permet de distinguer trois régimes de transfert de masse [26] :
- filtration dans les espaces interstitiels ;
- diffusion macroporeuse en phase gazeuse ;
- diffusion microporeuse en phase condensée.

5.1.8. Caractéristiques des adsorbants

Selon l'Union Internationale de Chimie Pure et Appliquée (IUPAC : International Union of Pure and applied Chemistry), les milieux poreux sont classés en trois types suivant la largeur des pores :
- des macropores où le diamètre des pores est supérieur à 50 nm ;
- des mésopores dont les pores sont de largeur comprise entre 2 et 50 nm ;
- des micropores dont le diamètre des pores est inférieur à 2 nm.

En général, pour la description et la caractérisation physique d'un adsorbant, on utilise des grandeurs telles que la surface spécifique, le volume des pores et la distribution de taille de pores. Cette dernière grandeur est discriminante puisque certains composés ne pourront être adsorbés que si leur taille est plus petite que celle des pores de l'adsorbant. Les zéolithes, par exemple, ont un diamètre de pores bien défini, et ne peuvent adsorber que les molécules dont la taille leur permet de se fixer dans les sites ; leur sélectivité est ainsi très grande. Le charbon actif, au contraire, présente des distributions de taille de pore très dispersées ; il est donc rarement utilisé comme adsorbant sélectif [17].

En outre, certains adsorbants ayant l'affinité spéciale avec des substances polaires, comme l'eau, sont nommés 'hydrophiles'. Ceux-ci incluent les gels de silice, les zéolites et les alumines poreuses ou activées. D'autres sont non-polaires et ont plus d'affinité pour des huiles et des gaz que pour l'eau, nommés 'hydrophobiques', comme les charbons actifs.

5.1.8.1. Surface spécifique

La surface spécifique d'un matériau est la surface totale accessible aux molécules d'adsorbat par unité de masse d'adsorbant ; elle comprend la surface externe ainsi que la surface interne. La surface externe est constituée par les parois des mésopores et des macropores ainsi que par la surface non poreuse. La surface interne représente uniquement la surface des parois des micropores. Cette distinction vient du fait que, en raison de la proximité des parois, de multiples interactions peuvent se créer entre une molécule et l'adsorbant, et l'adsorption est donc beaucoup plus forte que sur la

29

surface externe. Cette surface spécifique, qui mesure la capacité d'adsorption d'un adsorbat donné sur l'adsorbant correspondant, est primordiale pour la caractérisation du phénomène d'adsorption.

La surface spécifique d'adsorption, S (m^2/g), pour des pores cylindriques est reliée au volume des cavités, W_o (m^3/g), et à la largeur des pores, L (nm), par la relation [10] :

$$S = 2.10^3 \frac{W_o}{L} \qquad (1.13)$$

5.1.8.2. Les adsorbants microporeux

Les adsorbants microporeux sont des solides poreux qui contiennent, en général, toutes les variétés des pores (macropores, mésopores et micropores) et ont une très grande surface spécifique. Toutefois, il faut distinguer les adsorbants de porosité élevée et ceux de grande surface spécifique. A titre d'exemple, les noirs de carbone sont des matériaux dont la surface spécifique peut atteindre 1000 m^2/g [27], même s'ils sont non poreux. Leur surface spécifique élevée provient de la très faible taille des cristallites qui composent les particules [28].

Dans le cas où la surface de l'adsorbant présente des micropores, la surface spécifique peut atteindre plusieurs mètres carrés par gramme alors que dans le cas où la surface présente des mésopores et macropores, la surface spécifique varie uniquement de quelques mètres carrés par gramme [10].

La présence de micropores dans un adsorbant a pour effet d'augmenter considérablement sa capacité d'adsorption, les macropores ne jouent pas un rôle appréciable dans le phénomène d'adsorption, donc ce sont plutôt les micropores qui caractérisent l'adsorption sur les solides microporeux.

Les principaux adsorbants employés dans l'industrie sont les charbons actifs, les zéolithes, les gels de silices et les alumines activées. Leurs caractéristiques sont présentées au tableau 1.3.

Adsorbant	Surface spécifique (m^2g^{-1})	Tailles des pores (nm)	Porosité interne
Charbons actifs	400 à 2000	1,0 à 4,0	0,4 à 0,8
Zéolithes	500 à 800	0,3 à 0,8	0,3 à 0,4
Gels de silice	600 à 800	2,0 à 5,0	0,4 à 0,5
Alumines activées	200 à 400	1,0 à 6,0	0,3 à 0,6
Tamis moléculaires carbonés	300 à 600	0,3 à 0,8	0,35 à 0,5

Tableau 1.3 : Caractéristiques des principaux adsorbants industriels [29,30].

5.1.8.3. Les charbons actifs

Les propriétés des charbons actifs, en particulier la microporosité, dépendent grandement de la nature du précurseur dont ils dérivent. Ainsi, lorsqu'un précurseur est de faible densité, comme le bois ou le lignite, le charbon actif est peu microporeux. Au contraire, les charbons actifs dont les matériaux d'origine ont une densité plus importante, tels que certains noyaux de fruit, sont très microporeux [31].

La surface spécifique des charbons actifs peut s'étendre de 400 à 2000 m^2/g (tableau 1.3.), leurs distributions de microporosité sont variées, comme indiqué sur la figure 1.12, et peuvent être adaptés à différents usages.

Les charbons actifs sont constitués de matériaux carbonés essentiellement amorphes, dotés d'une très grande porosité. Ils sont obtenus par pyrolyse, suivi d'une oxydation à haute température. Les matériaux précurseurs sont d'une grande variété et sont classés en trois catégories : (i) les matériaux fossiles (houille, lignite, bois), (ii) les matériaux d'origine végétale (noyaux de fruit, coque de noix de coco, huile de palme) et (iii) les matériaux synthétiques (cellulose, viscose, rayonne, chlorure de polyvinylidène : polymère de formule $(C_2H_2Cl_2)_n$ [27].

En fonction du précurseur, du type d'activation et des conditions de sa mise en œuvre, toute une gamme de charbons actifs est obtenue. Ils sont disponibles dans beaucoup de formes incluant des poudres, granulaires, moléculaires, des fibres carboniques et des formes consolidés.

Figure 1.12 : Représentation schématique de la microstructure du charbon actif [32].

5.2. Machine frigorifique à adsorption

5.2.1. Évolution historique de la réfrigération à adsorption

L'adsorption de vapeur par un adsorbant solide a été au début découverte en 1848 par le physicien et chimiste britannique M. Faraday (1791-1867). L'utilisation de cycles à adsorption pour la réfrigération ou les pompes à chaleur n'est pas une nouvelle idée, mais comme a été rapporté par Plank et al. [33], ces cycles ont été employés au début du vingtième siècle [34]. Les systèmes à adsorption solide/vapeur ont été d'abord commercialisés dans les années 1920 pour surmonter les limitations des machines de réfrigération à compression de vapeur et les systèmes à absorption de liquide/vapeur. Le cycle de base d'adsorption de solide/vapeur utilisé dans la période de 1920 à 1940 était simple, mais inefficace. En utilisant le gel de silice et le bioxyde de soufre, Miller [35] a conçu un système de réfrigération commercial. Mais, avec l'émergence du compresseur mécanique en plus de l'application des chlorofluorocarbones (CFC), qui étaient très efficaces, les recherches dans ce domaine étaient au point mort, jusqu'au milieu des années 1970. Néanmoins, après la crise pétrolière pendant les années 1970, les recherches ont été reprises avec une vision d'utiliser l'énergie de manière plus rationnelle, comme l'emploi de l'énergie solaire ou les rejets thermiques industriels pour actionner des réfrigérateurs, climatiseurs ou des pompes de chaleur. C'est ainsi que des études théoriques et expérimentales ont été réalisées par Tchernev [36], Meunier et al. [37], Guilleminot et al. [38], Worsoe–Schmidt [39] et Ron [40], avant que cette technologie ne connaisse un développement remarquable actuellement.

5.2.2. Description de la machine frigorifique à adsorption

La machine frigorifique à adsorption comporte principalement les éléments suivants (figure 1.13) :

▪ Un adsorbeur (réacteur–générateur) contenant l'adsorbant solide, où peut s'effectuer le phénomène d'adsorption et de désorption ;
▪ Un condenseur où la liquéfaction du réfrigérant peut avoir lieu à la température de la source intermédiaire ;
▪ Un réservoir qui sert à stocker le réfrigérant liquide provenant du condenseur ;
▪ Une vanne de détente (V_3) ;
▪ Un évaporateur dans lequel le réfrigérant se vaporise en produisant l'effet utile à la température de la source froide (température de réfrigération) ;
▪ Deux clapets anti-retour (V_1) et (V_2).

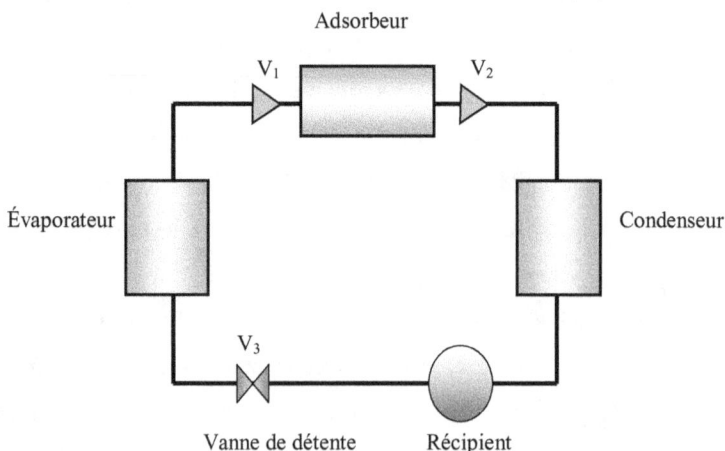

Figure 1.13 : Schématisation d'une machine frigorifique à adsorption.

5.2.2.1. Principe de fonctionnement

Au début, les vannes V_1, V_2 et V_3 sont fermées, l'adsorbeur est à sa température minimale et à la pression qui règne dans l'évaporateur (basse pression), l'adsorbant est chargé d'une masse maximale d'adsorbat. Lors du chauffage du réacteur, la pression dans l'adsorbeur augmente avec la température, la masse adsorbée reste constante, et dès que la pression de l'adsorbeur atteint celle qui règne dans le condenseur (haute pression), la vanne V_2 s'ouvre, la désorption a lieu et la vapeur désorbée circule vers le condenseur où elle se condense à la température de condensation. Le chauffage continue jusqu'à ce que la température de l'adsorbeur atteigne sa valeur maximale.

Lorsque le refroidissement de l'adsorbeur commence, la pression dans l'adsorbeur diminue et la vanne V_2 se ferme. Lorsque la pression qui règne dans le réacteur atteint celle de l'évaporateur, la vanne V_1 s'ouvre et l'adsorbeur qui se trouve en légère dépression, aspire la vapeur produite dans l'évaporateur et l'effet utile se produit lors de l'évaporation du fluide frigorigène. Le refroidissement de l'adsorbeur continue jusqu'à ce qu'il atteigne sa température minimale, la vanne V_1 se ferme et un autre cycle commence.

La vanne V_3 s'ouvre automatiquement lorsque l'évaporation commence afin d'alimenter l'évaporateur en liquide.

5.2.2.2. Cycle thermodynamique de la machine frigorifique à adsorption

Le cycle idéal d'une machine frigorifique à adsorption, représenté sur le diagramme (Log(p),1/T), est schématisé sur la figure 1.14. Ce cycle, représente l'évolution de l'état du mélange adsorbant/adsorbat contenu dans l'adsorbeur (cycle 1–2–3–4–1), il est constitué de deux isostères (1–2 et 3–4), au cours desquelles la masse adsorbée reste constante, et de deux isobares (2–3 et 4–1). Les transformations suivies par le fluide frigorigène à l'état pur sont schématisées par le cycle (1–2–5–6–1).

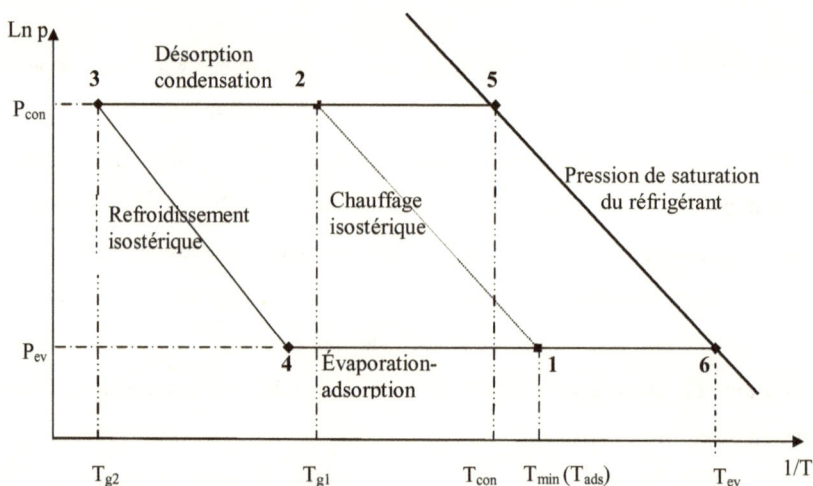

Figure 1.14 : Cycle thermodynamique d'une machine frigorifique à adsorption (diagramme Lnp,1/T).

- Phase (1→2) : chauffage isostérique

Au début du cycle (point 1), le mélange adsorbant/réfrigérant est à sa température minimale (T_{ads}) et à la pression de l'évaporateur (P_{ev}). Sous l'effet du chauffage, la pression et la température du mélange augmentent jusqu'à ce que la pression devienne égale à celle régnant dans le condenseur (point 2), la température atteinte est dite température seuil de désorption (T_{g1}) : c'est la température correspondant au début de la désorption. La masse adsorbée reste constante le long de cette transformation.

- Phase (2→3) : désorption/condensation (isobare)

Au point 2, la désorption du fluide frigorigène commence, le réfrigérant se condense dans le condenseur à la température et à la pression de condensation (T_{con}, P_{con}), le réacteur est alors à haute pression et suit l'isobare imposée par le condenseur. La température du mélange augmente jusqu'à la température maximale (T_{g2}).

- Phase (3→4) : refroidissement isostérique

Au point 3, le refroidissement du mélange adsorbant/réfrigérant commence, la température et la pression diminuent jusqu'à ce que la pression devienne égale à celle qui règne dans l'évaporateur (P_{ev}), la température atteinte est dite température seuil d'adsorption. La masse adsorbée reste constante le long de cette transformation.

- Phase (4→1) : évaporation/adsorption (isobare)

Au point 4, l'évaporation du réfrigérant débute. La vapeur résultante commence à s'adsorber dans l'adsorbeur et ce, jusqu'à ce que la température du mélange adsorbant/réfrigérant devienne minimale (T_{min}). Durant cette transformation, le système suit l'isobare imposée par l'évaporateur, et qui correspond à la pression de saturation du réfrigérant à la température de l'évaporateur. C'est au cours de cette phase qu'il y a production de l'effet utile dans l'évaporateur.

5.2.3. Critères de sélection des couples utilisés dans les machines à adsorption

Le choix du couple (adsorbant/adsorbat) adéquat pour des procédés de réfrigération à adsorption repose sur une large série de données expérimentales. Les principales considérations influençant ce choix sont examinées ci-dessous :

5.2.3.1. Choix de l'adsorbant

Les adsorbants tels que le charbon actif, le silicagel, les alumines activées, les zéolithes sont des corps microporeux à grande surface spécifique. L'adsorbant convenable doit se doter des caractéristiques suivantes :
- une grande capacité d'adsorption aux basses températures et pressions ;
- une faible capacité d'adsorption aux hautes températures et pressions ;
- une grande surface spécifique d'adsorption ;
- une grande conductivité thermique, pour assurer un bon transfert de chaleur ;
- aucune détérioration avec l'utilisation ;
- un prix peu élevé ;
- largement disponible ;
- chimiquement compatible avec le réfrigérant choisi ;

- Il est nécessaire que l'adsorbant choisi ait des pores plus grands que les molécules du gaz à adsorber.

5.2.3.2. Choix de l'adsorbat

Un des éléments les plus importants de n'importe quel système de réfrigération à adsorption est le réfrigérant (adsorbat), puisque les conditions de fonctionnement et la compatibilité avec l'environnement en dépendent fortement.

Un bon adsorbat doit avoir :
- une molécule facilement adsorbable par l'adsorbant choisi ;
- une chaleur de vaporisation aussi élevée que possible ;
- une grande conductivité thermique ;
- une faible viscosité ;
- une bonne compatibilité avec l'adsorbant ;
- une chaleur spécifique la moins élevée possible ;

Il faut également qu'il soit :
- non-toxique, ininflammable et non-corrosif ;
- stable chimiquement dans l'intervalle de température utilisé ;
- ne provoque pas de corrosion pour les éléments de la machine ;
- adapté au domaine d'application visée, etc.

Les adsorbats couramment utilisés sont :
- l'eau ;
- l'ammoniac ;
- l'alcool méthylique.

L'alcool méthylique et l'eau développent des pressions inférieures à la pression atmosphérique.

Les principaux couples adsorbant/adsorbat utilisés dans les machines frigorifiques à adsorption sont :
- charbon actif/ammoniac ;
- charbon actif/méthanol ;
- charbon actif/éthanol ;

- zéolithe/eau ;
- silicagel/eau.

Le couple zéolithe/eau présente des performances élevées dans les applications de conditionnement d'air (températures d'évaporation supérieures à 0°C). Cependant, il n'est pas possible de l'utiliser pour des températures d'évaporation inférieures à 0°C.

Pour les applications de congélation, plusieurs études ont montré que les performances obtenues avec le couple charbon actif-méthanol sont supérieures à ceux du couple charbon actif-ammoniac. Mais, la pression de fonctionnement dans le cas du méthanol est loin d'être idéale, nécessitant la mise en dépression de la machine, difficiles à réaliser. Au contraire, avec l'ammoniac les pressions sont élevées, mais ceci pourrait également causer des problèmes de sécurité.

D'autres critères de choix, tels que le coût économique et la facilité de mise en œuvre, doivent être pris en considération.

Le tableau 1.4 récapitule les avantages et inconvénients des adsorbats utilisés dans les machines frigorifiques à adsorption.

Adsorbat	Inconvénients	Avantages
Ammoniac	- Toxique ; - Inflammable dans quelques concentrations ; - Incompatible avec le cuivre ; - Fonctionnement à haute pression.	- Chaleur latente élevée ; - Thermiquement stable ; - Non polluant.
Méthanol	- Toxique ; - Inflammable ; - Incompatible avec le cuivre à haute température ; - Instable au-delà de 393 K ; - Fonctionnement à basse pression.	- Chaleur latente élevée.

Eau		- Parfait, sauf pour des températures d'évaporation inférieures à 0°C.

Tableau 1.4 : Comparaison des adsorbats les plus utilisés dans les systèmes frigorifiques à adsorption.

Dans le cadre de ce travail, l'étude que nous mènerons, aux troisième et quatrième chapitres, sur les systèmes frigorifiques à adsorption se basera, quant au choix du couple adsorbant/adsorbat, sur le couple charbon actif/ammoniac.

5.2.4. Le couple charbon actif/ammoniac

5.2.4.1. L'ammoniac

L'ammoniac (R717) est largement utilisé dans les machines frigorifiques, que ce soit à compression, à absorption ou à adsorption. Il présente de nombreux avantages dont les plus importants sont les suivants :

- l'ammoniac est facilement décelable en cas de fuite, même minime ;
- il a une chaleur latente élevée et une masse molaire faible ;
- il a un faible coût et il est chimiquement stable ;
- il est biodégradable et ne présente aucune nocivité pour l'environnement ;
- il est chimiquement neutre à l'égard des constituants des machines frigorifiques sauf à l'égard du cuivre et ses alliages ;
- il est peu inflammable, plus léger que l'air et formant avec lui un mélange peu explosif, sauf en forte proportion ;
- en plus, il a une pression critique élevée (tableaux 1.5 et 1.6).

Malgré des risques facilement contrôlables (toxicité et corrosion), l'ammoniac présente un intérêt technologique et économique certain d'autant qu'il ne contribue pas à l'effet de serre et qu'il n'appauvrit pas la couche d'ozone.

Propriétés physiques	valeur
Température critique (K)	405,5
Pression critique (bar)	113,53
Densité critique (kg m^{-3})	234,00
Masse molaire moléculaire (g mol^{-1})	17,03
Point triple (°C)	−77,90
Température d'ébullition sous 1 bar (°C)	−33,50
Viscosité du liquide à + 30°C (10^{-3} Pa s)	0,136
Tension superficielle à + 30 °C (10^{-3} N m^{-1})	28,50
Rapport des capacités thermiques massiques (C_p/C_v) à 0°C et sous 1 bar	1,335

Tableau 1.5 : Caractéristiques physiques de l'ammoniac (NH$_3$) [41].

Température (°C)	Chaleur latente (kJ kg^{-1})	Pression de vapeur (bar)	Chaleur spécifique (kJ kg^{-1} K^{-1})
-30	1358,57	1,195	4,477
-10	1296,40	2,909	4,556
0	1262,40	4,294	4,603
30	1145,77	11,665	4,787

Tableau 1.6 : Quelques propriétés physiques de l'ammoniac à des températures différentes [14].

5.2.4.2. Le charbon actif

La grande surface spécifique du charbon actif et sa résistance à la modification de structure aux hautes températures lui confèrent les caractéristiques d'adsorbant approprié pour son utilisation dans les machines frigorifiques à adsorption. La capacité d'adsorption du couple charbon actif/ammoniac a été étudiée [15], et les résultats obtenus montrent que l'ammoniac a une forte capacité d'adsorption sur charbon actif à 30 °C et une faible capacité d'adsorption (une grande capacité de désorption) à une température de l'ordre de 90 °C.

Il y a d'autres raisons qui font du charbon actif un adsorbant intéressant dans ce domaine [42] :

- le charbon actif est meilleur marché que les autres adsorbants comme la zéolithe ;

- il peut être produit avec des propriétés convenables aux applications particulières en faisant varier le temps et la température d'activation ;

- et il peut être fabriqué localement.

6. Conclusion

Dans ce chapitre, nous avons abordé les principales technologies de production de froid en mettant l'accent, plus particulièrement, sur les machines frigorifiques à adsorption. Nous avons également examiné les notions de base afférentes au phénomène d'adsorption (généralités sur les solides microporeux, mise en évidence du phénomène, procédés de régénération, notion d'équilibre d'adsorption, théories descriptives de ce phénomène, etc.). Enfin, nous avons discuté les critères de sélection des couples adsorbant/adsorbat utilisés dans les machines frigorifiques à adsorption.

Chapitre 2

Conversion thermique de l'énergie solaire
et production de froid

1. Introduction

L'énergie solaire, une des principales énergies renouvelables, est une ressource naturelle inépuisable à l'échelle humaine, son exploitation est bénigne pour l'environnement : elle ne génère ni gaz à effet de serre ni émissions polluantes. La technologie d'exploitation de l'énergie solaire est arrivée à un haut niveau de maturité et peut jouer un rôle vital dans de nombreux domaines, tels que le séchage, le dessalement de l'eau de mer ainsi que la production de l'électricité, de la chaleur et du froid (réfrigération, climatisation, congélation).

La production du froid par les machines conventionnelles est, d'une part, énergivore constituant souvent un fardeau énergétique surtout lorsqu'il fait chaud et a, d'autre part, un impact néfaste sur l'environnement. La coïncidence entre les besoins en froid et la disponibilité du rayonnement solaire représente toutefois une aubaine pour pallier à ces problèmes énergétiques et environnementaux à travers le développement des technologies de réfrigération solaire.

Parmi les nombreuses techniques de production de froid, les systèmes frigorifiques à adsorption méritent d'être développés au regard des avantages qu'ils présentent : utilisation des fluides frigorigènes bénins vis-à-vis de l'environnement (eau, méthanol, ammoniac, etc.), faibles coûts de fonctionnement et d'entretien, ne sont pas bruyants et peuvent fonctionner avec certaines ressources d'énergies renouvelables telles que l'énergie solaire.

Avant de présenter un état de l'art sur les systèmes frigorifiques solaires à adsorption, nous donnerons quelques généralités sur le rayonnement solaire et nous examinerons les différents capteurs solaires adaptés à la conversion thermique de l'énergie solaire.

2. Capteurs solaires

Le rayonnement solaire est un rayonnement qui se propage sous la forme d'ondes électromagnétiques, depuis le soleil jusqu'à atteindre la surface terrestre. Toute surface exposée au rayonnement solaire reçoit du rayonnement direct, ayant traversé l'atmosphère, et du rayonnement diffus défini comme étant la part du rayonnement solaire diffusé par les particules solides ou liquide en suspension dans l'atmosphère. Le rayonnement diffus n'a pas de direction privilégiée car il provient de toutes les directions de la voûte céleste. Mais ladite surface peut recevoir également une partie du rayonnement réfléchi par les objets environnants, en particulier par le sol, dont le coefficient de réflexion est appelé « albédo ».

Une installation de production de froid à l'aide de l'énergie solaire est constituée, entre autres, des capteurs solaires qui effectuent la conversion thermique du rayonnement solaire. Les capteurs solaires sont essentiellement distingués selon leur configuration géométrique, leur mouvement et leur température de fonctionnement.

2.1. Capteurs plans

Un capteur solaire plan est composé principalement d'une couverture transparente, d'un caisson thermiquement isolé et d'une surface absorbante (ou absorbeur) exposée au rayonnement solaire et échangeant avec un fluide caloporteur les calories produites par l'absorption du rayonnement incident.

Le rôle de l'absorbeur est d'absorber la plus grande partie du rayonnement solaire reçu et d'en réémettre le moins possible avec un minimum de pertes. La sélectivité de l'absorbeur est améliorée par un traitement de sa surface. Un tel traitement est obtenu par des procédés électrochimiques ou électrophysiques. En général, les différents revêtements effectués sont :

- peinture mate et noire, qui permet d'obtenir un coefficient d'absorption variant à peu près entre 0,9 et 0,95, mais aussi un coefficient d'émission élevé (0,85) ;
- revêtement avec l'oxyde de chrome, qui est un composé de couleur noire déposé sur une sous couche de nickel, le coefficient d'absorption est de l'ordre de 0,95 et celui d'émission varie entre 0,12 et 0,18 ;
- traitement sous vide, ce revêtement sélectif consiste à déposer différents matériaux, tels que le titane, sur la surface absorbante en présence du vide, le coefficient d'absorption est généralement supérieur à 0,95 et celui d'émission est inférieur à 0,05.

Si l'absorbeur est en contact direct avec l'air environnant, en plus des pertes par rayonnement, les pertes par convection peuvent être importantes. Il s'établit alors un équilibre thermique entre l'absorbeur et le milieu ambiant. Dans ce cas, on capte peu d'énergie thermique.

Pour réduire les pertes par les faces latérales et arrière du capteur, l'absorbeur est placé à l'intérieur d'un coffre dont les parois internes sont recouvertes d'un isolant thermique (laine de verre ou mousse synthétique, par exemple). L'isolation thermique de la face avant est réalisée en interposant entre l'absorbeur et l'air, un matériau opaque au rayonnement infrarouge émis par l'absorbeur, mais transparent au rayonnement solaire (figure 2.1). Le verre et certains matériaux synthétiques sont transparents vis-à-vis du rayonnement solaire et opaques à l'égard du rayonnement infrarouge. Ils sont donc utilisés en tant que couvertures transparentes des capteurs solaires.

Dans un capteur équipé d'une couverture transparente, le rayonnement thermique émis par l'absorbeur est absorbé par la couverture transparente qui s'échauffe et rayonne à son tour par les deux faces. En première approximation, on peut considérer qu'une moitié du rayonnement se disperse dans le milieu extérieur et que l'autre moitié, réémise vers l'absorbeur, est à l'origine de l'effet de serre.

Les couvertures ont également pour rôle de limiter les pertes par convection, étant donné que les échanges thermiques entre deux plaques séparées par une lame d'air immobile se font essentiellement par conduction, phénomène assez lent, et qu'il est

44

connu que l'air immobile est un bon isolant thermique. Cet effet d'isolation croît avec l'épaisseur de la lame d'air séparant les deux surfaces, tant que le phénomène de transfert reste conductif (2 à 3 cm d'épaisseur). Au–delà, les effets de la convection naturelle tendent à contrarier l'effet recherché.

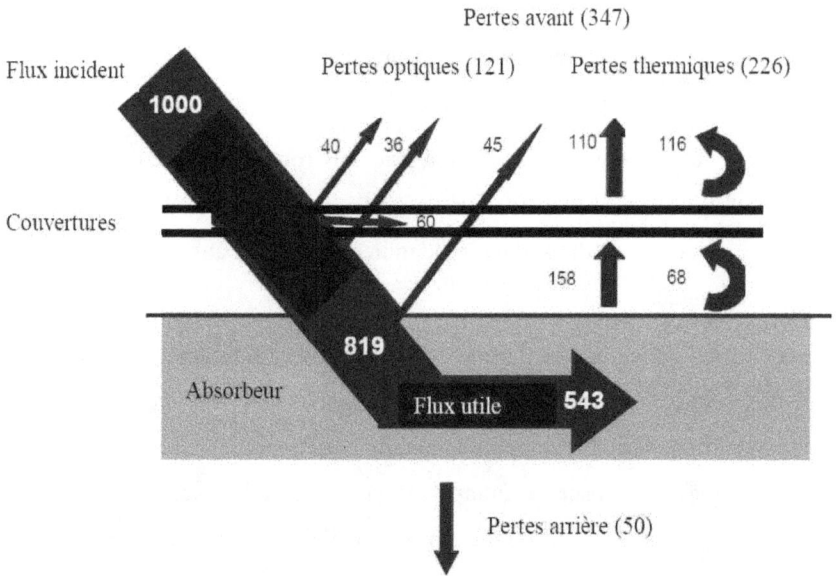

Figure 2.1 : Différents termes de pertes (W/m^2) dans un capteur plan.

Il importe de noter l'existence de capteurs solaires dénommés capteurs sous vide, qui permettent de réduire les pertes par convection en plaçant l'absorbeur à l'intérieur d'une enceinte en verre dans laquelle un vide est réalisé.

Enfin, nous précisons que pour recevoir le maximum d'énergie solaire, le capteur solaire plan doit être incliné et orienté sud. L'inclinaison dépend de la période d'utilisation du système de conversion. Ainsi, pour un capteur fixe, durant toute l'année, le maximum d'énergie annuelle incidente correspond à une inclinaison égale à la latitude du lieu [43].

2.2. Capteurs à concentration

Un capteur à concentration est un capteur solaire comportant un système optique (réflecteur, lentilles, etc.) destiné à concentrer sur un absorbeur (récepteur) le rayonnement reçu. Un avantage de ces systèmes est qu'ils sont sensiblement moins coûteux, par unité de surface, que les capteurs plans.

Les principaux types de capteurs à concentration sont :

- Les concentrateurs paraboliques composés ;
- les réflecteurs cylindro-paraboliques ;
- les réflecteurs paraboliques.

2.2.1. Concentrateur parabolique composé (CPC)

C'est un capteur fixe à concentration utilisant des réflecteurs composés paraboliques afin d'orienter l'énergie solaire vers un absorbeur à travers un important angle d'admission (figures 2.2–a et b).

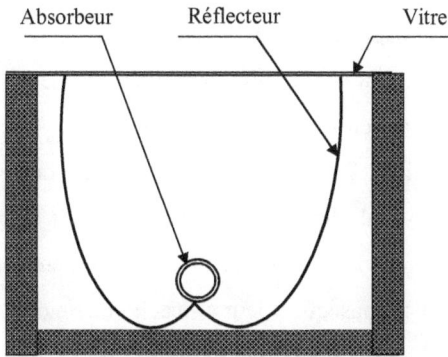

Absorbeur Réflecteur   Vitre

Figure 2.2–a : Schéma d'un concentrateur parabolique composé (CPC).

L'absorbeur peut être de configuration cylindrique ou plate. L'important angle d'admission pour ces réflecteurs exclut toute nécessité de disposer d'un système de pointeur solaire. Le concentrateur parabolique composé peut concentrer aussi bien le rayonnement direct que le rayonnement diffus.

Figure 2.2–b : CPC installé à la Plate-forme Solaire d'Almeria (PSA) [45].

Le capteur à concentration permet d'obtenir une température assez élevée au foyer, en comparaison avec un capteur plan de même surface de captage d'énergie solaire, cependant certains concentrateurs n'utilisent que le rayonnement direct et il faut que ces capteurs soient orientés en permanence vers le soleil. À cet effet, des systèmes asservis sont souvent utilisés. Ces concentrateurs, appelés traqueurs du soleil, doivent suivre le mouvement du soleil afin de concentrer les rayons du soleil sur l'absorbeur, cela permet de diminuer grandement la surface de l'absorbeur, ce qui réduit les pertes de chaleur et augmente par conséquent leur efficacité thermique.

2.2.2. Concentrateur cylindro-parabolique (PTC)

Les concentrateurs cylindro-paraboliques peuvent être considérés comme des systèmes de légères structures et de technologie bon marché, pour des applications de chauffage aux températures entre 50 et jusqu'à 400 °C [44]. Ce sont des concentrateurs à foyer linéaire utilisant des réflecteurs cylindriques de section parabolique qui concentrent le rayonnement solaire direct sur un récepteur où circule un fluide caloporteur tel que l'eau, l'huile thermique ou un gaz (figure 2.3). Cette technologie est la plus fréquente et est actuellement utilisée par les plus puissantes centrales solaires au monde comme dans le sud-ouest des États-Unis ou le sud de l'Espagne [46]. La surface réfléchissante peut être constituée de panneaux largement autoportants, ce qui permet de les assembler sur une charpente relativement légère. Celle-ci est supportée par des pylônes métalliques fondés au sol.

Ces concentrateurs peuvent être d'orientation est-ouest, dans ce cas le mouvement de suivi du soleil est une rotation du nord au sud, ou d'orientation nord-sud avec une rotation de l'est à l'ouest. Généralement, pendant toute la période d'un an, un champ de capteurs horizontal d'orientation nord-sud collecte légèrement plus d'énergie que celui d'orientation est-ouest. Cependant, le champ d'orientation est-ouest collecte plus d'énergie en hiver et moins d'énergie en été que celui d'orientation nord-sud, fournissant une production annuelle plus constante. Donc, le choix d'orientation dépend en général de l'application et de la période, hivernale ou estivale, durant laquelle plus d'énergie est requise [47].

Figure 2.3 : Capteurs cylindro-paraboliques de la centrale Nevada Solar One [46].

Les modes de mécanismes de suivi du soleil peuvent être classés en deux larges catégories, à savoir les systèmes mécaniques et électriques/électroniques. Les systèmes électroniques montrent généralement une fiabilité et une exactitude de suivi améliorées. Ceux-ci peuvent être subdivisés comme suit [44] :

▪ Des mécanismes employant des moteurs contrôlés électroniquement par des détecteurs, qui détectent l'ampleur de l'éclairement solaire [48–50] ;

▪ Des mécanismes employant des moteurs contrôlés par un ordinateur, à l'aide de détecteurs qui mesurent le flux solaire capté sur le récepteur [51–53].

Malgré l'inconvénient associé à l'exigence de traque du soleil, le haut degré de concentration atteint avec le capteur cylindro-parabolique, compense cet inconvénient.

2.2.3. Réflecteur parabolique

C'est un capteur à concentration utilisant un réflecteur de forme parabolique qui réfléchit les rayons solaires vers un point ponctuel appelé récepteur (figure 2.4). En effet, avec ce miroir, tout rayon incident parallèle à l'axe optique passe, après réflexion, par ce récepteur. Pour ce faire, il faut que le concentrateur suive en permanence le soleil. On y parvient en animant son axe d'une double rotation. Mais ceci implique une limitation de taille. Avec l'utilisation d'un concentrateur parabolique, on peut obtenir des températures élevées (environ de 1500 °C).

La réalisation de surfaces réfléchissantes paraboliques de révolution pose des problèmes particuliers. Presque toutes sont aujourd'hui basées sur la mise en œuvre de verre argenté en face arrière comme surface réfléchissante. C'est la solution qui présente le meilleur rapport qualité-prix : excellent coefficient de réflexion, bonne tenue aux intempéries et prix modéré.

La réalisation de la parabole de révolution de ce concentrateur peut être effectuée selon deux voies principales :

▪ juxtaposition de nombreux trapèzes plans pour approcher au mieux la surface parabolique théorique ;

- utilisation de verre mince cintré en double courbure, ce qui permet théoriquement, d'obtenir une parabole parfaite.

Dans les deux cas, il y a des difficultés du collage des miroirs élémentaires sur la surface support qui leur impose la géométrie et le positionnement adéquat.

Figure 2.4 : Capteur parabolique "Euro-dish" développé sur la Plate-forme solaire d'Almeria en Espagne [54].

3. Systèmes de réfrigération solaires à adsorption

Tchernev [55] et Meunier [56], en tant que pionniers de ce domaine de recherche, avaient amorcé la réfrigération solaire à adsorption en réalisant les premiers prototypes fonctionnant grâce à l'énergie solaire. Ils ont prouvé la faisabilité de cette technologie et ont montré que les performances frigorifiques de ces appareils peuvent être comparables à celles obtenues par des filières techniquement plus avancées comme la réfrigération photovoltaïque ou à absorption liquide.

Au cours de ces trois dernières décennies, plusieurs prototypes frigorifiques solaires à adsorption ont été testés avec succès. Quelques rendements prometteurs ont été obtenus en raison des efforts fournis par plusieurs groupes de recherche. Différentes applications de réfrigération à adsorption sont concernées, que ce soit la climatisation, la réfrigération, la fabrication de glace ou la congélation.

3.1. Cycles intermittents

3.1.1. Systèmes de fabrication de glace et de congélation solaires à adsorption

Un système hybride solaire (figure 2.5) a été étudié par Wang et al. [57], qui ont combiné un chauffe-eau solaire et un système de fabrication de glace dans la même machine. Cette machine comporte un capteur solaire à tubes sous vide, un réservoir d'eau, un adsorbeur/générateur, un condenseur et un évaporateur, etc. Le processus de chauffage commence le matin à l'aide du capteur solaire. La température et la pression du lit adsorbant augmentent avec la température du réservoir d'eau. Quand la pression de vapeur du réfrigérant atteint la pression de condensation, le réfrigérant se condense dans le condenseur. Ensuite, le liquide s'écoule vers l'évaporateur via une vanne réglant le débit. Les températures du réservoir d'eau et du lit adsorbant continuent à augmenter en raison du chauffage solaire jusqu'à ce que la température de régénération atteigne une valeur entre 80 et 100°C. L'eau à cette température s'écoule vers un réservoir isolé et peut être employée pour des fins domestiques. Lors du refroidissement de l'adsorbeur, le réservoir est rempli de nouveau de l'eau froide. Avec une surface 2 m² de capteur solaire, ce système à adsorption peut produire 60 kg d'eau chaude à 90°C et 10 kg de glace par jour.

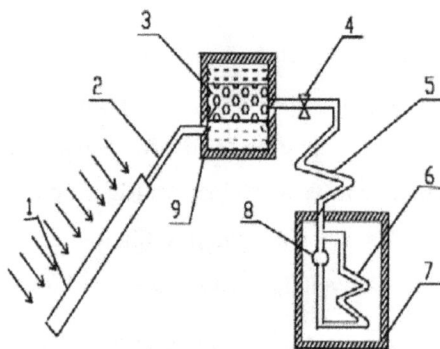

Figure 2.5 : Schéma du système hybride étudié par Wang et al. – (1) capteur solaire, (2) tube d'eau, (3) adsorbeur, (4) vanne (5) condenseur, (6) évaporateur, (7) chambre froide, (8) réservoir et (9) réservoir d'eau chaud [57].

En se basant sur les résultats d'une étude réalisée par Guilleminot et Meunier [58], Pons et Guilleminot [59] ont montré que les systèmes à adsorption solide pourraient être la base d'un développement de réfrigérateurs solaires efficaces. Ils ont développé un prototype fonctionnant avec le couple charbon actif/méthanol. Ce prototype produit environ 6 kg de glace par m^2 de panneau solaire quand l'insolation est de 20 MJ par jour, avec un COP solaire de 0,12. Ce taux de production de glace reste l'un des plus grands obtenus avec un système de fabrication de glace solaire à adsorption.

Li et al. [60] ont réalisé des expériences sur un système solaire de fabrication de glace, dont le charbon actif/méthanol est le couple de fonctionnement. Le COP de ce système, que l'on montre schématiquement sur la figure 2.6, a été trouvé entre 0,12 et 0,14, tandis que sa production de glace varie entre 5 et 6 kg par m^2 de capteur. En analysant le gradient de température dans le lit adsorbant, les auteurs ont conclu que pour améliorer les performances d'un tel système, les propriétés de transfert de chaleur dans l'adsorbeur doivent être améliorées. Ceci pourrait être réalisé soit en augmentant le nombre d'ailettes, soit en employant un adsorbant consolidé.

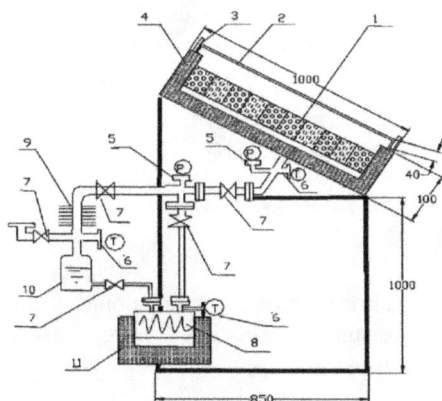

Figure 2.6 : Schéma du système de fabrication de glace à adsorption actionné par l'énergie solaire – (1) lit adsorbant ; (2) couverture de verre ; (3) volet de ventilation ; (4) isolation ; (5) manomètre ; (6) thermocouples ; (7) vannes ; (8) évaporateur ; (9) condenseur ; (10) réservoir du réfrigérant ; (11) boîte de glace [60].

Li et al. [61] ont testé un système de fabrication de glace plus simple, sans vannes, actionné par l'énergie solaire (figure 2.7). Les parties métalliques de l'adsorbeur de ce système sont en acier inoxydable, au lieu des alliages de cuivre ou d'aluminium, parce que selon les expériences réalisées par Hu [62], à des températures supérieures à 110 °C, le méthanol en présence d'aluminium ou du cuivre se décompose en Diméthyl-éther, $(CH3)_2O$, réduisant l'efficacité du système au cours du temps.

L'adsorbeur a été placé à l'intérieur d'une boîte isolée, couverte par deux feuilles en fibres de plastique transparent. Cette sorte de couverture est plus appropriée que celle en verre, car la transmission aux radiations solaires est plus grande. Pour assurer un bon transfert de chaleur entre la face avant du capteur solaire et l'adsorbant, plusieurs ailettes, en acier inoxydable, ont été placées à l'intérieur de l'adsorbeur. La distance entre ces ailettes est 0,1 m et l'épaisseur de la couche de l'adsorbant est 0,04 m.

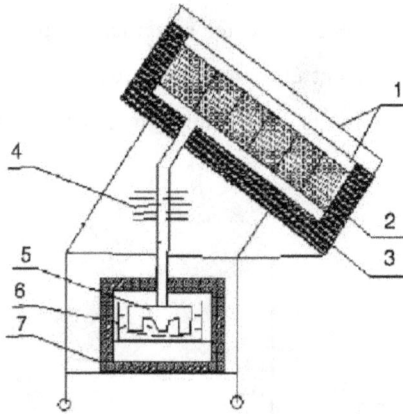

Figure 2.7 : Système de fabrication de glace fonctionnant sans vannes – (1) plaques de couverture ; (2) lit adsorbant ; (3) isolation ; (4) condenseur ; (5) évaporateur ; (6) réservoir d'eau ; (7) boîte froide [61].

Des expériences sur ce prototype ont été réalisées, sous des conditions extérieures et intérieures (radiation simulée avec une lampe de quartz). Avec les conditions intérieures d'une radiation de 17 à 20 MJ/m^2, la production de glace était entre 6 et 7 kg/m^2 et le COP entre 0,13 et 0,15, tandis qu'avec des conditions extérieures d'une radiation de 16 à 18 MJ/m², le système produit 4 kg de glace par m² avec un COP de l'ordre de 0,12.

Un autre système solaire de fabrication de glace à adsorption fonctionnant avec le couple charbon actif/méthanol, a été testé au Burkina Faso par Buchter et al. [63]. Les résultats de ce prototype ont été comparés à ceux obtenus au Maroc par Boubakri et al. [64–65] avec un système semblable. La principale différence entre ces systèmes était la présence de volets de ventilation dans le premier (figure 2.8), qui s'ouvrent pendant la nuit pour améliorer le refroidissement du lit adsorbant. Le système étudié au Burkina Faso a permis une amélioration de performance frigorifique d'environ 35% par rapport à celui étudié au Maroc. Le COP du premier système a été trouvé entre 0,09 et 0,13, pour un ensoleillement entre 22 et 25 MJ/m². Dans ce système, la glace produite pendant la phase d'adsorption n'a pas été enlevée de la chambre froide et elle a été employée pour maintenir la chambre froide près de 5°C pendant le jour.

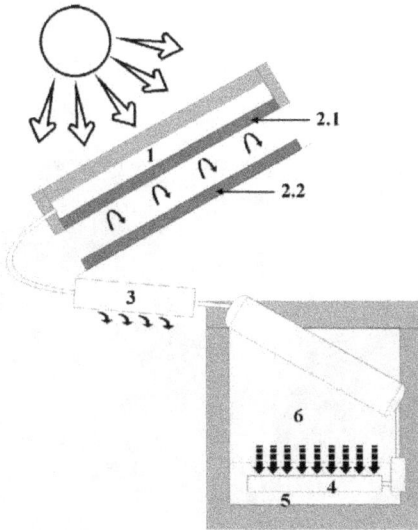

Figure 2.8 : Schéma du réfrigérateur solaire étudié par Buchter et al. [63] – (1) capteur solaire/adsorbeur ; (2) volets de ventilation : (2.1) fermé, (2.2) ouvert ; (3) condenseur ; (4) évaporateur ; (5) stockage de glace ; (6) chambre froide.

3.1.2. Systèmes de climatisation solaires à adsorption

Dans de nombreux pays, la demande en l'électricité augmente considérablement en été en raison de l'utilisation intense des climatiseurs. Les pannes d'électricité peuvent survenir si les capacités des centrales électriques ne sont pas suffisantes pour satisfaire la demande, surtout pendant les heures de pointe. Comme cette période coïncide souvent avec les heures de haute insolation, l'utilisation des climatiseurs solaires s'avère une solution attirante. Les systèmes de réfrigération solaires à adsorption, sont appropriés aux applications de climatisation en raison de leur coût d'installation assez bas et leur haute capacité frigorifique [66].

À la fin des années 1980, Grenier et al. [67] ont présenté un système de climatisation à adsorption en utilisant un panneau solaire de 20 m^2, le couple de fonctionnement employé est le couple zéolite/eau. Ce système, schématisé sur la figure 2.9, a été conçu pour réfrigérer une pièce de 12 m^3 afin de conserver des denrées alimentaires. Avec une insolation reçue par les capteurs solaires de 22 MJ/m^2, la chambre froide peut stocker 1000 kg de légumes, pour une différence de température de 20 °C entre l'ambiance extérieure et la chambre froide. Dans ce cas, le COP est de l'ordre de 0,10.

Figure 2.9 : Système solaire de climatisation à adsorption [67].

Pendant la dernière décennie, l'institut de réfrigération et de cryogénie de l'Université de Jiao Tong à Shanghai [68,69] a développé et a testé divers prototypes pour des fins pratiques : climatisation dans des autobus et locomotives de train. Il s'agit des systèmes de réfrigération à adsorption actionnés par l'énergie solaire ou de la chaleur non utilisée (rejets thermiques), avec utilisation des couples charbon actif/ammoniac ou zéolite/eau comme couples de fonctionnement.

Parmi ces systèmes, on peut citer celui de réfrigération d'une locomotive de train (figure 2.10). Le fonctionnement du système commence avec la phase de décharge du froid, en ouvrant, au démarrage de la locomotive, la vanne entre l'adsorbeur et l'évaporateur au moment où la température de l'adsorbeur est assez basse. Suite à l'adsorption de vapeur d'eau par la zéolite, la température du lit adsorbant augmente rapidement et la température de l'évaporateur diminue. Par conséquent, la pompe qui fait circuler l'eau de refroidissement entre l'évaporateur et le ventilateur est mise en marche quand la température de l'évaporateur est assez basse. Ainsi, le froid est déchargé à la cabine.

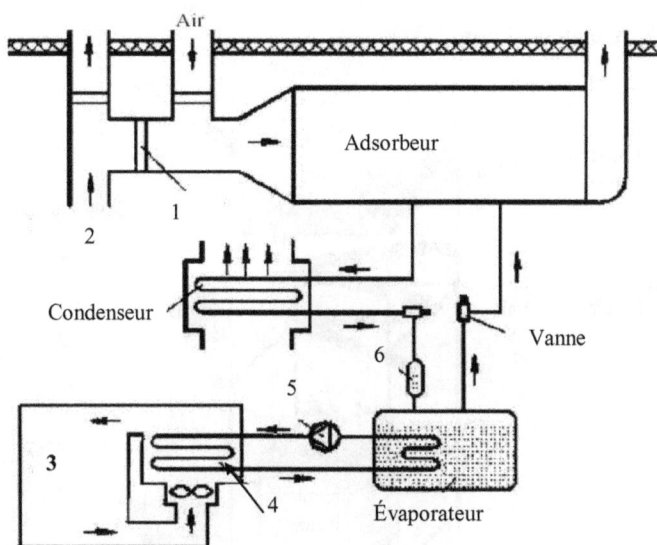

Figure 2.10 : Schéma du climatiseur de locomotive : (1) volet de ventilation ; (2) gaz d'échappement ; (3) cabine du chauffeur ; (4) ventilateur ; (5) pompe ; (6) réservoir [69].

Pendant la phase de régénération, le lit adsorbant est chauffé par la température élevée du gaz d'échappement du train fonctionnant avec des moteurs à combustion interne. Par la suite, la vapeur du réfrigérant est désorbée et condensée dans le condenseur à air. Pendant cette période, la production de froid est réalisée par la décharge du froid sensible de l'eau dans l'évaporateur (extraction de chaleur sensible de la cabine du chauffeur). La période de stockage du froid commence quand la locomotive est arrêtée, et la température de l'adsorbant diminue lentement à cause de la dissipation naturelle de chaleur vers l'air ambiant. Les résultats de recherche sur ce système ont montré qu'une puissance frigorifique moyenne de 4,1 kW a été obtenue. Selon les auteurs, une telle puissance est suffisante, pour rendre la cabine de cette locomotive assez confortable.

3.1.3. Systèmes de réfrigération solaires à adsorption

Lemmini et Errougani [70] ont construit et testé à Rabat (Maroc) un réfrigérateur solaire à adsorption qui fonctionne avec le couple charbon actif (CA35)/méthanol. Le système consiste en un capteur solaire plan, un condenseur et une chambre froide contenant l'évaporateur (figure 2.11).

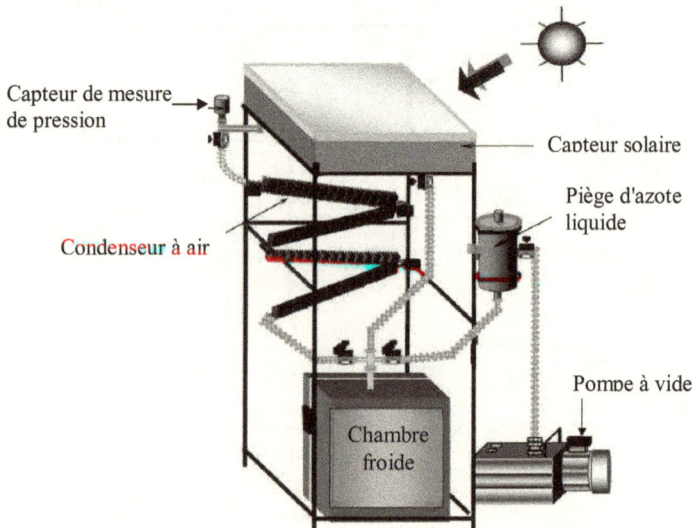

Figure 2.11 : Schéma de la machine frigorifique à adsorption étudiée par Lemmini et Errougani [70].

Les résultats expérimentaux ont montré que ce réfrigérateur peut produire du froid, même pendant des jours pluvieux ou nuageux. Les auteurs ont rapporté que sa performance pourrait être améliorée si la chambre froide est bien isolée. La gamme du COP solaire a été trouvée entre 0,05 et 0,08 lorsque l'irradiation solaire varie entre 12000 et 27000 kJ/m^2 et quand la température ambiante quotidienne moyenne fluctue entre 14 et 18 °C.

González et Rodríguez [71] ont construit et testé à Burgos (Espagne) un prototype d'un réfrigérateur solaire à adsorption employant des concentrateurs paraboliques composés (CPC) et où seulement une partie du récepteur est exposée à l'irradiation solaire. Le générateur est un jeu de quatre capteurs CPC avec des récepteurs tubulaires contenant le charbon actif/méthanol (figure 2.12). Ces récepteurs, dont le rayon est 38 mm, contiennent 7,6 kg de charbon actif, la surface de captation totale est 0,55 m^2. Les résultats expérimentaux ont montré qu'avec une irradiation solaire quotidienne de 19,5 MJ/m^2 et une température de l'air ambiant moyenne de 22,8 °C, une température de condensation moyenne T_{con} = 20,4 °C et une température d'évaporation moyenne T_{ev} = −1,1 °C, le COP solaire mesuré est de l'ordre de 0,096.

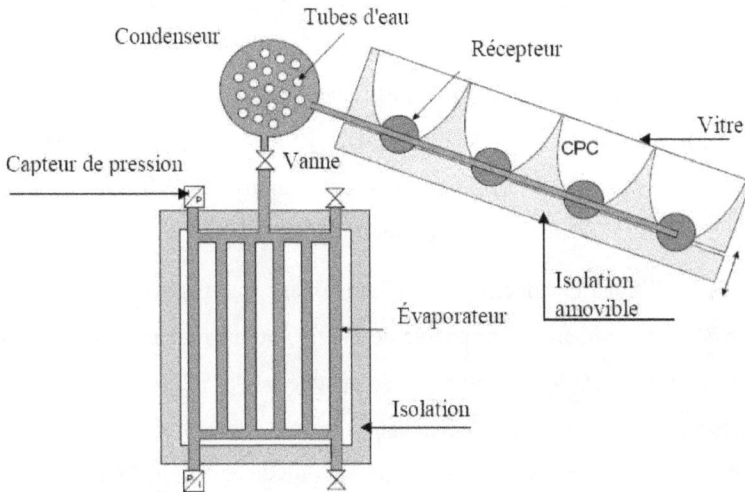

Figure 2.12 : Vue schématique du prototype testé par González et Rodríguez [71].

3.2. Systèmes continus

La quasi-totalité des systèmes de réfrigération solaires à adsorption solide étudiés jusqu'à présent sont des systèmes intermittents, produisant généralement du froid que pendant la nuit. Toutefois, quelques travaux réalisés sur des systèmes continus ont été publiés dans la littérature. Parmi ces travaux, on peut citer celui de Zhang et Wang [72], qui ont proposé un système hybride de réfrigération à adsorption solide et de chauffage, que nous schématisons sur la figure 2.13.

Ce système est constitué d'un réservoir d'eau froide, d'un condenseur, d'un évaporateur et de deux lits adsorbants. Les deux lits adsorbants sont accolés l'un à l'autre, celui placé en haut est exposé au rayonnement solaire pour qu'il soit chauffé et génère la désorption du réfrigérant et l'autre, placé en bas (par rapport au premier), est à l'abri du rayonnement solaire pour qu'il soit refroidi et adsorbe le réfrigérant vapeur. Le matin, le lit supérieur absorbe l'énergie solaire, sa température augmente et lorsque sa pression devient égale à celle de condensation, la désorption commence et la vapeur désorbée est condensée dans le condenseur et est ensuite collectée et stockée dans un réservoir. Le liquide s'écoule vers l'évaporateur via une vanne de détente. La température du lit adsorbant supérieur continue à augmenter en raison du chauffage solaire, et lorsque sa température atteint la température de désorption maximale (80–90 °C), le chauffage du lit supérieur se termine et le système hybride fait une rotation de 180 °C : le lit inférieur devient en position supérieure et il est chauffé, à son tour, par le rayonnement solaire, tandis que le lit supérieur est refroidi à l'aide de l'eau froide du réservoir d'eau.

Dans les conditions de fonctionnement suivantes : une radiation solaire quotidienne de 21,6 MJ, une température ambiante de 29,9 °C et une température d'évaporation de 5 °C, ce système peut fournir 30 kg d'eau chaude à 47,8 °C, par jour ; les coefficients de performance frigorifique et de chauffage moyens calculés sont respectivement 0,18 et 0,34. Il a été trouvé également que la puissance frigorifique spécifique est de l'ordre de 87,8 W/m^2.

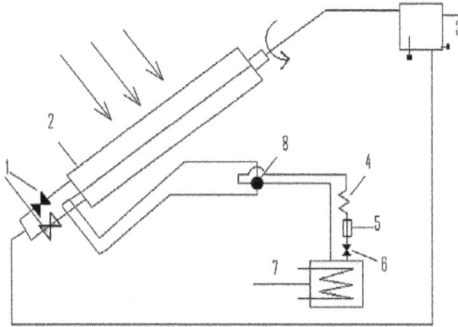

Figure 2.13 : Schéma d'un système hybride de réfrigération continue à adsorption solide et de chauffage, actionné par l'énergie solaire (1) vanne d'eau ; (2) système hybride de lits adsorbants ; (3) réservoir d'eau ; (4) condenseur ; (5) réservoir du réfrigérant liquide ; (6) vanne de détente ; (7) évaporateur et (8) vanne rotatoire [72].

Zhang et Wang [73] ont proposé un autre système hybride de chauffage et de réfrigération continue à adsorption solide à éjecteur, actionné par l'énergie solaire (figure 2.14) et utilisant le couple zéolite/eau. Dans ce système, l'éjecteur et l'adsorbeur sont employés au lieu des compresseurs mécaniques pour comprimer la vapeur du réfrigérant de l'évaporateur vers le condenseur.

À travers une étude de simulation et dans des conditions de fonctionnement normales, le système combiné peut générer une production frigorifique de 0,15 MJ par kg de zéolite pendant le jour, et une production frigorifique de 0,34 MJ par kg de zéolite pendant la nuit. Il peut fournir également 290 kg d'eau chaude à 45 °C pour usage domestique. Dans les mêmes conditions de fonctionnement, comparé avec un système à adsorption sans éjecteur, le COP de ce système combiné est amélioré de 0,3 à 0,33 soit une augmentation de 10 %.

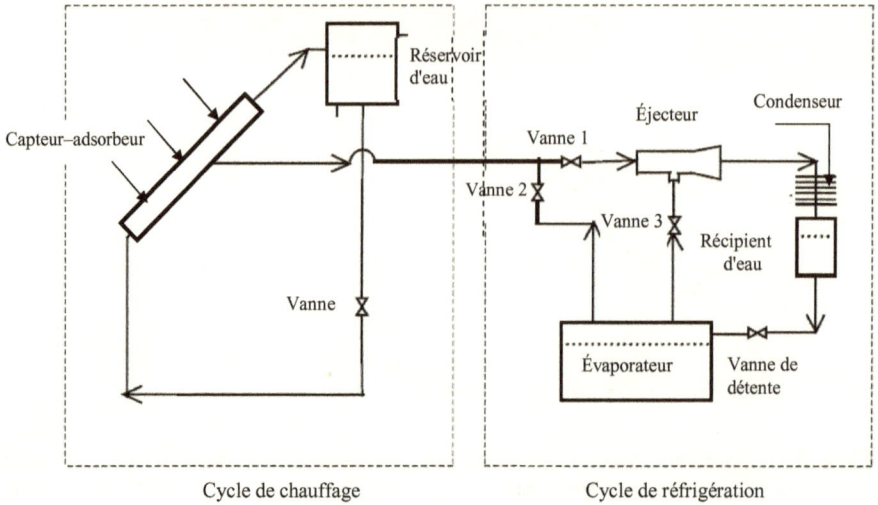

Figure 2.14 : Système hybride solaire à adsorption–éjecteur pour réfrigération et chauffage domestique [73].

4. Conclusion

Dans ce chapitre, nous avons présenté quelques généralités sur l'énergie solaire ainsi que les principales caractéristiques de différents capteurs solaires (plans, concentrateurs) adaptés à la conversion thermique de l'énergie solaire. Ensuite, nous avons passé en revue quelques remarquables systèmes frigorifiques solaires à adsorption (intermittents et continus) étudiés pour différentes applications du froid telles que la climatisation, la réfrigération, la fabrication de glace et la congélation.

Chapitre 3

Étude d'un nouveau système de production de froid à cycle intermittent utilisant un concentrateur solaire

1. Introduction

Le but de l'étude présentée dans ce chapitre consiste à proposer un nouveau système de conversion de l'énergie solaire en froid, dans lequel un capteur cylindro-parabolique est couplé à un caloduc. L'objectif étant d'améliorer les performances des machines frigorifiques à adsorption.

Nous souhaitons que le système proposé puisse contribuer à répondre aux besoins en froid des pays du sud. En effet ces pays bénéficient de conditions d'ensoleillement particulièrement généreuses, mais le développement de leur infrastructure est souvent limité. À cet égard, nous proposons une technologie simple à réaliser localement, qui ne fait pas appel à des techniques de pointe mais dont les performances et les coûts de fabrication sont compétitifs.

En effet, de nombreuses études ont rapporté que le concentrateur cylindro-parabolique est doté d'une efficacité élevée comparativement aux autres types de capteurs [74–76]. Il a été testé dans diverses applications, telles que la production de vapeur [77,78], le dessalement de l'eau de mer [79] et la production de l'eau chaude [80,81]. Pourtant, la plupart des études menées sur les machines frigorifiques solaires à adsorption ont été basées sur des capteurs plans ou des capteurs sous vide, mais peu d'attention a été consacrée aux capteurs à concentration.

L'utilisation des caloducs couplés à des capteurs solaires est prometteuse car elle présente de nombreux avantages, comme la simplicité de construction, la parfaite adaptabilité et une capacité de transfert de chaleur élevée, même pour une différence de température faible, ce système peut fonctionner comme une diode thermique et comme un "commutateur" thermique [82]. En plus, un tel système ne dispose pas de pièces mobiles, ni de pompage externe.

2. Description du système

Avant d'aborder la description et le fonctionnement de cette machine, nous présentons tout d'abord quelques généralités sur les caloducs.

2.1. Présentation des caloducs

2.1.1. Principe de fonctionnement d'un caloduc

Un caloduc est un dispositif thermodynamique qui transfère de la chaleur d'un emplacement à un autre sous de très faibles gradients de températures [83]. C'est un super-conducteur de chaleur fonctionnant selon le principe d'évaporation-condensation d'un fluide caloporteur interne qui suit un cycle thermodynamique fermé. Comme schématisé sur la figure 3.1, le caloduc comprend essentiellement les éléments suivants : une enceinte ou enveloppe étanche, une structure capillaire ou mèche et un fluide de fonctionnement avec un taux de remplissage suffisant pour saturer la mèche.

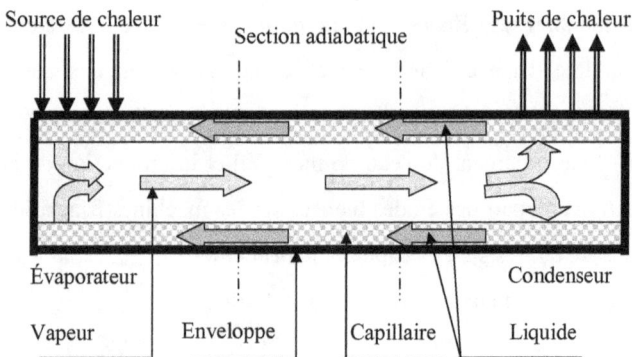

Figure 3.1 : Principe de fonctionnement d'un caloduc.

Le caloduc se divise généralement en trois sections : un évaporateur situé au niveau de l'apport de chaleur (source de chaleur), une section adiabatique appelée également zone neutre et un condenseur placé au niveau de la source froide (puits de chaleur).

Le principe de fonctionnement du caloduc consiste à fournir de la chaleur à l'évaporateur par une source chaude. Sous l'effet de cette chaleur, le liquide, qui se situe dans la structure capillaire, s'évapore en absorbant l'équivalent de la quantité de chaleur latente de changement de phase. Ce changement de phase mène à une augmentation de la pression dans la phase vapeur provoquant l'écoulement de la vapeur à travers la section adiabatique jusqu'au condenseur, où elle se condensera en libérant alors la totalité de l'énergie calorifique absorbée lors de la vaporisation. Le condensat retourne ensuite à l'évaporateur par une force motrice de pompage créée par l'effet de capillarité d'un réseau capillaire et/ou par l'effet de la force gravitationnelle. Ce deuxième effet peut être obtenu en plaçant simplement le condenseur au-dessus de l'évaporateur.

A l'aide de ce principe de fonctionnement, un caloduc peut transporter continûment la chaleur latente de vaporisation d'un fluide caloporteur d'une extrémité à l'autre. Ce processus subsistera tant que la force motrice de pompage, véritable moteur du caloduc, sera suffisante pour assurer la recirculation du condensat vers l'évaporateur.

L'intérêt du caloduc réside dans la valeur élevée de la chaleur latente de changement de phase comparée à la chaleur sensible, ce qui explique sa capacité à transporter de grandes quantités de chaleur de façon quasi-isotherme. La conductivité thermique apparente du caloduc est exceptionnellement élevée ; celle-ci peut atteindre plusieurs centaines de fois celle d'un conducteur métallique homogène de même volume.

2.1.2. Types de caloducs

Par leur configuration géométrique, leur mode de fonctionnement et leur utilisation, on distingue de nombreux types de caloducs. Néanmoins, nous nous limitons ici à examiner les deux types de caloduc les plus pratiques, utilisés comme échangeurs de chaleur dans différentes applications industrielles, à savoir le caloduc à effet capillaire et celui à effet gravitationnel.

2.1.2.1. Caloduc à effet capillaire

C'est le type dont la paroi interne est revêtue d'un réseau capillaire assurant le pompage du fluide condensé vers l'évaporateur par l'effet de capillarité. La quantité de fluide caloporteur introduite doit être suffisante pour saturer le réseau capillaire. En fonction de la disposition géométrique, la gravité peut soit assister ou retarder la recirculation du fluide condensé : si le condenseur du caloduc est situé à une altitude supérieure par rapport à l'évaporateur, le retour du condensat sera favorisé et la puissance transportée par le caloduc pourrait être augmentée. Inversement, un retour de liquide à l'évaporateur contre la gravité pourrait freiner considérablement le débit de fluide et réduire de manière significative la puissance transportée par le caloduc. Par contre, dans le cas d'un caloduc placé horizontalement, la gravité n'aura pas une influence majeure.

La principale limite d'opération de ce type de caloduc est la limite capillaire. Si la pression capillaire devient insuffisante pour assurer une recirculation continue du liquide condensé, il se produit alors un assèchement du réseau capillaire au niveau de l'évaporateur, qui peut entraîner une augmentation brutale de la température à la paroi du caloduc.

2.1.2.2. Caloduc à effet gravitationnel

Le caloduc à effet gravitationnel, souvent appelé "thermosiphon", est dépourvu de réseau capillaire. C'est la gravité qui force le fluide condensé à retourner vers l'évaporateur. Il suffit donc de surélever la section du condenseur par rapport à celle de l'évaporateur pour que la gravité puisse agir favorablement. Selon ce principe, la performance du thermosiphon est alors très tributaire de son orientation géométrique.

Le fonctionnement d'un thermosiphon est aussi affecté par le taux de remplissage du fluide caloporteur. Le remplissage optimal est surtout fonction de l'orientation géométrique. La rugosité de la paroi interne est aussi un facteur primordial. Une surface rugueuse permet de retarder les limites d'opération, d'augmenter les coefficients de transfert de chaleur et d'assurer une meilleure distribution du liquide contre la paroi interne. La principale limite d'opération d'un thermosiphon est la limite d'entraînement, qui a pour effet d'accumuler le liquide dans la section du condenseur entraînant par le fait même l'assèchement de l'évaporateur.

Dans un caloduc diphasique, le transfert de chaleur se fait d'une manière continue par transformation de l'énergie reçue en enthalpie de changement d'état (chaleur latente). Celle-ci est alors transmise par un transfert de masse. Le flux de chaleur axial est ainsi :

$$\dot{Q} = \dot{m} h_{fg} \tag{3.1}$$

avec $\dot{m}$ est le débit massique du fluide dans le caloduc double phase, et h_{fg} est l'enthalpie massique de vaporisation du fluide.

2.1.3. Fluide caloporteur

Le fluide de fonctionnement est le vecteur de transfert de chaleur, son choix constitue un point important dans la fabrication d'un caloduc. Selon Faghri [83], ce fluide doit avoir une pression de saturation supérieure à 10 kPa mais inférieure à 2000 kPa. Dans le premier cas, la pression est trop basse pour transférer le flux de chaleur requis ; dans le second cas, la pression élevée pourrait compromettre l'intégrité structurale du caloduc. Il faut aussi que la température d'opération soit inférieure à la température critique du fluide, sans quoi la transition entre les phases liquide et vapeur deviendrait inexistante.

En général, les propriétés physiques du fluide de fonctionnement, telles que la tension superficielle, la chaleur latente d'évaporation et la pression de saturation de vapeur, influencent largement les propriétés de transfert de chaleur du caloduc [84]. Toutefois, la conception d'un caloduc, permettant une meilleure performance dans les applications techniques choisies, doit être basée sur plusieurs critères. Ceux qui concernent la sélection du fluide de fonctionnement approprié sont comme suit :

- compatibilité avec les matériaux constitutifs du caloduc (structure capillaire et enceinte) ;
- bonne stabilité thermique aux températures d'opération ;
- mouillabilité du capillaire ;

- chaleur latente élevée ;
- conductivité thermique élevée ;
- faible viscosité de la phase liquide ;
- tension de surface élevée pour une grande capacité de pompage ;
- point de congélation acceptable ;
- coûts d'achat et d'exploitation du fluide caloporteur doivent être réduits au minimum.

Le choix du fluide de fonctionnement est aussi important pour les limitations visqueuse, sonique, capillaire, d'entrainement et d'ébullition pouvant se produire dans le caloduc.

La figure 3.2 montre les fluides de fonctionnement les plus utilisés dans les caloducs ainsi que leurs plages d'opération utiles.

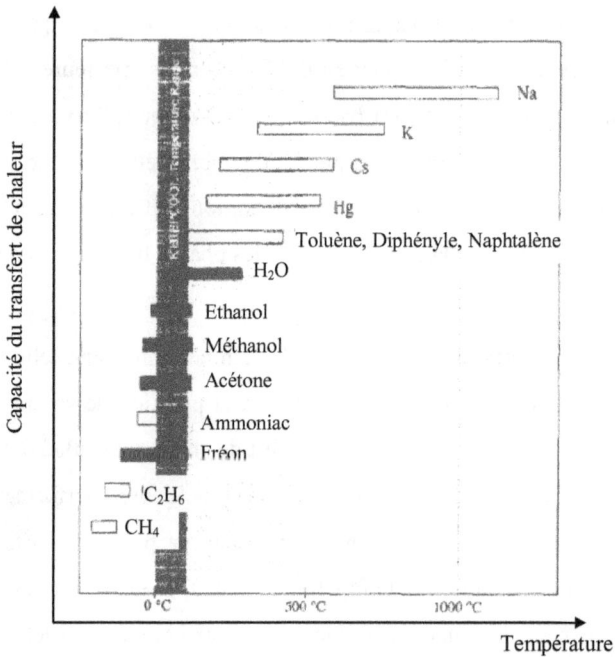

Figure 3.2 : Gammes de température d'utilisation de fluides de fonctionnement dans les caloducs [85].

Pour évaluer la qualité d'un fluide dans un caloduc et de faire une comparaison entre différents fluides caloporteurs même si leur température d'opération diffère. On introduit un facteur, appelé facteur de mérite, regroupant les importantes propriétés des fluides.

En effet, pour un fluide, plus ce facteur est élevé, meilleur est la performance thermique du caloduc.

Pour un caloduc à effet capillaire, le facteur de mérite est défini par :

$$F_{m/c} = \frac{\rho_l \sigma_l h_{fg}}{\mu_l} = \frac{\sigma_l h_{fg}}{\nu_l} \qquad (3.2)$$

et pour un caloduc à effet gravitationnel, il s'écrit :

$$F_{m/g} = \left(\frac{\rho_l^2 \lambda_l^3 h_{fg}}{\mu_l} \right)^{1/4} \qquad (3.3)$$

avec

λ_l conductivité thermique du liquide ;

σ_l tension superficielle du liquide ;

ν_l viscosité cinématique de la phase liquide ;

μ_l viscosité dynamique du liquide ;

ρ_l masse volumique du liquide ;

h_{fg} enthalpie massique de vaporisation du fluide.

De par sa capacité de transport de chaleur excellente, due à sa haute tension superficielle, sa chaleur latente de vaporisation élevée et sa viscosité cinématique de la phase liquide relativement basse, l'eau possède la valeur la plus haute de F_m en comparaison avec plusieurs fluides [86], comme montre la figure 3.3.

En plus elle est inodore, ininflammable et non toxique. Vu ces caractéristiques, l'eau est considérée parmi les fluides de fonctionnement les plus convenables pour beaucoup d'applications, dans la gamme de température (30–200°C).

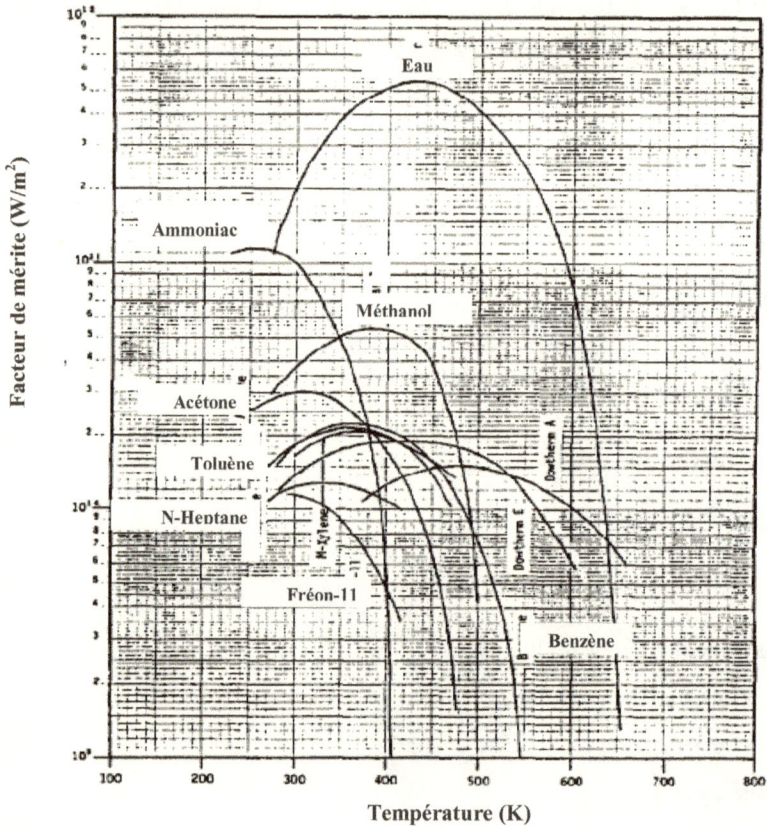

Figure 3.3 : Variation du facteur de mérite (F_m) d'un caloduc à effet capillaire [86].

2.1.4. Enceinte et structure capillaire

Le conteneur (enceinte) est généralement fait en métal ; le verre et la céramique peuvent aussi être employés. La fonction du conteneur est d'isoler le fluide de fonctionnement de l'environnement extérieur. Il doit être étanche, résister bien à la pression différentielle à travers ses parois, permettre le transfert de chaleur vers et à partir du fluide de fonctionnement et doit être compatible à la fois avec le fluide de fonctionnement et l'environnement.

L'autre partie importante du caloduc est la structure capillaire (ou mèche). Elle peut être faite en métal ou en fibres de verre tissé, mais les fibres carboniques peuvent aussi être employées. Beaucoup de propriétés du matériau de la mèche sont étroitement liées avec les propriétés du fonctionnement du liquide. Actuellement, le réseau capillaire peut revêtir différentes formes (fritté, couches de tissus ou tapis de films métalliques, rainures axiales ou circonférentielles, etc.). La figure 3.4 schématise un caloduc à effet capillaire, dont la structure capillaire se compose de rainures axiales usinées dans la paroi métallique.

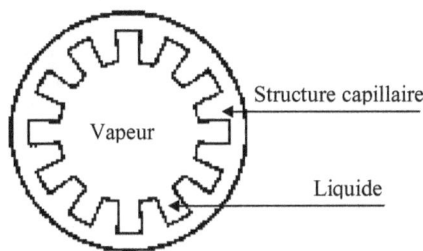

Figure 3.4 : Caloduc à rainures axiales.

Quelques propriétés de base exigées pour un choix de mèche approprié peuvent être récapitulées comme suit :
- passages de flux nécessaires pour le retour du liquide condensé ;
- pores superficiels à l'interface de vapeur-liquide, pour développer la pression de pompage capillaire exigée ;
- un chemin de flux de chaleur entre la paroi intérieure du conteneur et l'interface de vapeur liquide ;
- compatible avec le fluide de fonctionnement.

La compatibilité des différents fluides de fonctionnement avec les matériaux d'enveloppe est montrée au tableau 3.1.

Fluide de fonctionnement	Matériaux d'enveloppe compatibles	Matériaux d'enveloppe incompatibles
Fréon 11 Fréon 22 Fréon 113	Aluminium Aluminium Aluminium	
Ammoniac	Aluminium (+alliages) Acier inoxydable Nickel	Cuivre
Acétone	Aluminium (+ alliage) Cuivre (+ alliages) Acier inoxydable Nickel	
Méthanol	Cuivre (+ alliages) Acier inoxydable Nickel	Aluminium
Éthanol	Cuivre (+ alliages) Acier inoxydable Nickel	Aluminium
Eau	Cuivre (+ alliages) Acier inoxydable Nickel Titanium	Aluminium

Tableau 3.1 : Compatibilité de fluides caloporteurs avec les matériaux d'enveloppe des caloducs [86].

L'effet de la capillarité est produit dans la paroi interne du caloduc, où le fluide développe un ménisque incurvé qui est responsable de l'apparition d'une différence de pression entre les deux phases du fluide. Cette différence de pression permet alors de compenser les pertes de charge développées le long du caloduc, afin d'assurer le retour du liquide du condenseur vers l'évaporateur.

Les diverses géométries de réseaux capillaires développent une pression capillaire, plus ou moins forte, dont la valeur est donnée par la formule de Young-Laplace :

$$\Delta P_{cap} = P_v - P_l = \sigma_l(\frac{1}{r_1} + \frac{1}{r_2})$$ (3.4)

où r_1 et r_2 sont respectivement les rayons de courbure principaux du ménisque de l'interface liquide-vapeur au point considéré et σ_l étant la tension superficielle du liquide.

2.2. Description de la machine frigorifique fonctionnant à l'aide du concentrateur couplé au caloduc

La machine frigorifique solaire à adsorption à cycle intermittent, objet de la présente étude, est schématisée sur la figure 3.5.

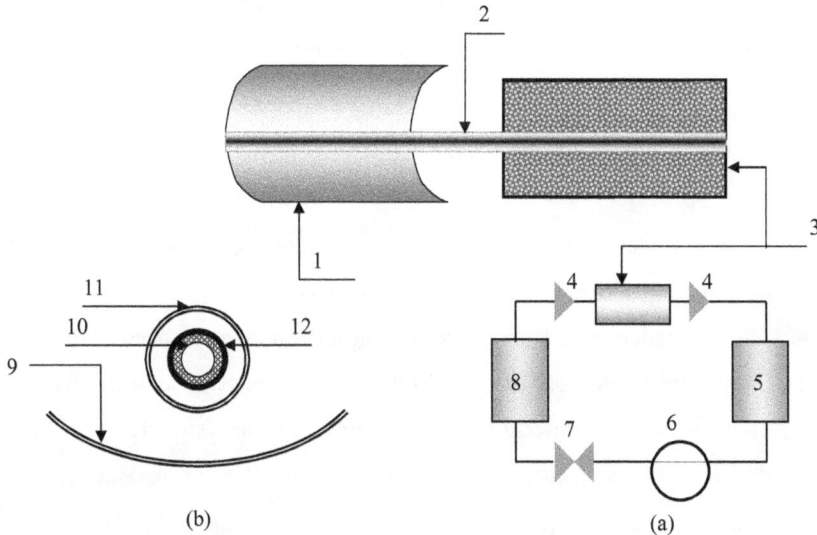

Figure 3.5 : (a) Schéma simplifié du système hybride étudié – (1) concentrateur ; (2) caloduc ; (3) adsorbeur ; (4) vannes ; (5) condenseur ; (6) réservoir d'ammoniac liquide ; (7) vanne de détente ; (8) évaporateur. (b) Section transversale de l'assemblage du récepteur – (9) surface réfléchissante ; (10) structure capillaire ; (11) tube en verre ; (12) absorbeur (récepteur).

Elle comporte principalement les éléments suivants : un concentrateur solaire cylindro–parabolique (PTC), un caloduc dont le fluide de fonctionnement est l'eau et dont l'enveloppe est en acier inoxydable, un adsorbeur cylindrique contenant le charbon actif, un condenseur à air, un évaporateur, un réservoir pour stocker l'ammoniac liquide et des vannes.

L'évaporateur du caloduc est placé à la ligne focale du concentrateur solaire cylindro-parabolique, tandis que son condenseur est inséré dans le lit adsorbant. La surface réfléchissante du concentrateur reçoit le rayonnement solaire et le concentre sur le caloduc qui l'absorbe et le convertit en chaleur au niveau de sa partie évaporateur. Cette chaleur vaporise le fluide de fonctionnement dans cette section. La différence de pression résultante entre l'évaporateur et le condenseur du caloduc provoque l'écoulement de la vapeur vers le condenseur, où elle est refroidie et condensée. Par conséquent, la chaleur latente de condensation est libérée et est transférée au lit adsorbant. La pression capillaire, produite par la structure capillaire du caloduc, provoque le déplacement du liquide condensé vers l'évaporateur où il est évaporé de nouveau. Le lit adsorbant est isolé de l'air ambiant, il est chauffé uniquement par le caloduc.

L'adsorption et la désorption sont produites alternativement lors du refroidissement et du chauffage de l'adsorbeur. En effet, pendant la période du chauffage, l'énergie solaire chauffe l'adsorbeur dont la température et la pression augmentent et lorsque la pression à l'intérieur de l'adsorbeur atteint celle du condenseur (pression de saturation à la température du condenseur), la vanne reliant l'adsorbeur au condenseur s'ouvre et la vapeur d'ammoniac se désorbe du lit adsorbant et se condense ensuite dans le condenseur ; le condensat est collecté dans un réservoir. Le chauffage de l'adsorbeur continue jusqu'à ce que la température de ce dernier atteigne sa valeur maximale.

Pendant la période de refroidissement, le lit adsorbant est refroidi du fait de la diminution du rayonnement solaire et de la température ambiante, ainsi sa température et sa pression diminuent et quand cette pression devient égale à la pression qui règne à l'intérieur de l'évaporateur (pression de vapeur saturée), la vanne reliant l'adsorbeur à l'évaporateur s'ouvre et le réfrigérant s'évapore dans l'évaporateur et produit du froid. La vapeur d'ammoniac résultante est adsorbée de nouveau dans l'adsorbant.

3. Modélisation

Dans ce paragraphe, nous développons un modèle de comportement transitoire du système décrit ci-dessus. Le modèle tient compte des irréversibilités dues aux phénomènes de transfert de chaleur et de masse dans le milieu réactif adsorbant–adsorbat contenu dans l'adsorbeur, il est aussi basé sur les bilans d'énergie pour le caloduc et le concentrateur cylindro-parabolique.

3.1. Hypothèses du modèle

Les principales hypothèses du modèle adoptées dans ce travail sont comme suit :
- la pression est uniforme à l'intérieur du lit adsorbant ;
- le lit adsorbant est considéré comme un milieu continu, caractérisé par une conductivité équivalente thermique, λ_e ;
- les processus d'adsorption et de désorption sont isobariques ;
- le transfert de chaleur dans l'adsorbant est radial et le transfert de chaleur par convection due au transfert de masse radial est négligé ;
- la température du caloduc est supposée égale à la température d'interface de vapeur-liquide ;
- la température de vapeur est uniforme le long du caloduc.

Les hypothèses ci-dessus sont justifiées comme suit :

L'uniformité de la pression à l'intérieur du lit adsorbant a été examinée par de nombreux chercheurs, et certains d'entre eux [87,88] supposent que les pertes de charges dans un lit fixe d'adsorbant solide sont négligeables, lorsqu'il s'agit d'adsorbants granulaires ; cette hypothèse a été justifiée expérimentalement [87] dans le cas des adsorbants à forte porosité ($\varepsilon = 0,7$). Toutefois, cette hypothèse ne peut pas être généralisée, elle peut être mise en cause dans le cas des adsorbants à faible porosité. Des expériences effectuées sur le charbon actif/ammoniac [14] ont montré aussi que la perte de charge dans le lit adsorbant (ΔP) est de l'ordre de 14,6 x 10^{-3} Pa et l'erreur relative ($\Delta P/P$) est de l'ordre de 10^{-8} lorsque les pertes de pression sont négligées.

Concernant l'hypothèse de désorption/adsorption isobarique, nous précisons que dans les cycles réels, la pression n'est pas constante durant ces processus, à cause de l'absence d'équilibre. Cette hypothèse a une influence en particulier sur la phase de désorption. Cela est dû d'une part au fait que la température de l'adsorbant est influencée par les fluctuations des conditions climatiques (rayonnement solaire, température ambiante, etc.) et, d'autre part, l'influence de la fluctuation de la température ambiante est plus grande sur la température du condenseur, pendant le jour. Ainsi, à cause de légères variations de température dans l'adsorbeur pendant la nuit, le processus d'adsorption reste près de celui d'une isobare. Néanmoins, nous notons que dans le présent travail, les résultats de simulation sont obtenus avec des données climatiques d'un jour d'été, où la température ambiante fluctue dans une gamme étroite (entre 24 °C et 28 °C). Ainsi, cela n'a pas une grande influence sur la variation de la température de condensation.

Quant à l'uniformité de température de la vapeur le long du caloduc, la validation de cette hypothèse a été démontrée expérimentalement par Huang et El-Genk [89], qui ont mesuré la distribution de température axiale de vapeur d'un caloduc en cuivre où le fluide de fonctionnement est l'eau.

Pour l'évaluation de la conductivité thermique équivalente, λ_{eff}, entre la conductivité du liquide et celle du matériau constituant le capillaire du caloduc, nous retenons, pour une mèche à écran métallique, la valeur évaluée par l'équation suivante [90].

$$\lambda_{eff} = \lambda_l \frac{\left[\left(\lambda_l + \lambda_{cap}\right) - \left(1 - \varepsilon_{cap}\right)\left(\lambda_l - \lambda_{cap}\right)\right]}{\left[\left(\lambda_l + \lambda_{cap}\right) + \left(1 - \varepsilon_{cap}\right)\left(\lambda_l - \lambda_{cap}\right)\right]} \tag{3.5}$$

avec

λ_l conductivité thermique du liquide ;

λ_{cap} conductivité thermique du matériau constituant le capillaire ;

ε_{cap} porosité du matériau capillaire .

3.2. Équations du modèle

3.2.1. Modélisation du concentrateur solaire

L'équation du bilan d'énergie du tube en verre, entourant le caloduc (absorbeur) s'écrit sous la forme :

$$\underbrace{\rho_{ve}C_{ve}A_{ve}\frac{\partial T_{ve}}{\partial t}}_{(1)} = \underbrace{\gamma_r\alpha_{ve}\beta WI_b(t)}_{(2)} + \underbrace{\pi D_{vi}h_{ab-ve}(T_{ab}-T_{ve})}_{(3)} - \underbrace{\pi D_{vo}h_{ve-amb}(T_{ve}-T_{amb})}_{(4)} \quad (3.6)$$

Les différents termes de cette équation désignent respectivement :

(1)   énergie sensible du tube en verre ;

(2)   énergie solaire absorbée par le tube en verre ;

(3)   échanges thermiques avec l'absorbeur ;

(4)   échanges thermiques avec l'ambiance.

3.2.2. Modélisation du caloduc

L'équation du bilan d'énergie de l'absorbeur (caloduc) est exprimée comme suit :

$$\underbrace{\rho_{ab}C_{ab}A_{ab}\frac{\partial T_{ab}}{\partial t}}_{(1)} = \underbrace{\gamma_r\tau\alpha_{ab}\beta WI_b(t)}_{(2)} - \underbrace{\pi D_i h_{ab-ve}(T_{ab}-T_{ve})}_{(3)} - \underbrace{\pi D_i h_T(T_{ab}-T_{cal})}_{(4)} \quad (3.7)$$

Les termes de cette équation représentent respectivement :

(1)   énergie sensible de l'absorbeur ;

(2)   énergie solaire absorbée par l'absorbeur ;

(3)   échanges thermiques avec le verre ;

(4)   énergie utile, cédée au caloduc.

h_T est le coefficient de transfert de chaleur entre la surface extérieure de l'absorbeur et l'interface de vapeur–liquide. La résistance thermique correspondante, R_T, s'écrit :

$$R_T = (1/2\pi l_{ev}) \left[\frac{\ln(D_1/D_i)}{\lambda_{met}} + \frac{\ln(D_i/D_{ci})}{\lambda_{eff}} \right] \qquad (3.8)$$

Dans les équations (3.6) et (3.7), h_{ve-amb} dénote le coefficient de transfert de chaleur entre l'enveloppe de verre et l'air ambiant, tandis que h_{ab-ve} désigne celui entre l'absorbeur et l'enveloppe de verre. Les coefficients de transfert de chaleur radiatif et convectif peuvent être évalués à l'aide de corrélations prises de la littérature [91–93].

3.2.3. Modélisation du transfert de chaleur et de masse dans l'adsorbeur

Le milieu poreux est constitué d'un lit fixe de grains de charbon actif (CA), enfermé à l'intérieur d'un adsorbeur cylindrique et réagissant par adsorption avec l'ammoniac. Nous considérons le chauffage à l'aide d'un caloduc annulaire, de rayon externe R_1, contenant l'eau comme fluide caloporteur et inséré dans l'adsorbeur de rayon externe R_2. Nous allons expliciter les équations de transfert de chaleur et de masse dans la zone limitée par ce caloduc et l'enveloppe extérieure de l'adsorbeur $[R_1,R_2]$. Considérons une tranche de rayon r et d'épaisseur dr dans le CA (voir figure 3.6). Son volume V_t s'écrit :

$$V_t = 2\pi r \, dr \, l_r \qquad (3.9)$$

avec l_r est la longueur du réacteur cylindrique contenant le charbon actif.

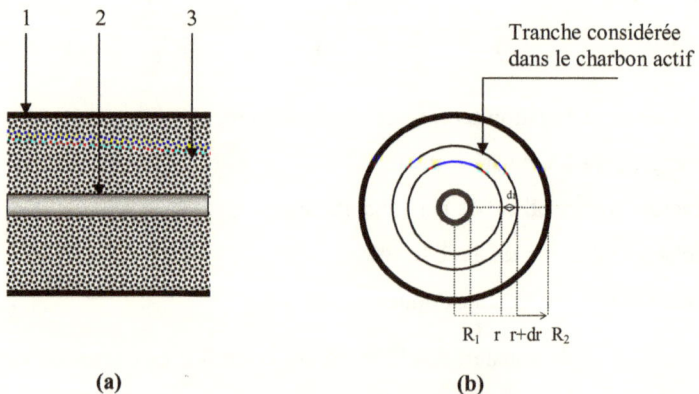

Figure 3.6 : Schéma de la zone cylindrique de modélisation : sections longitudinale (a) et transversale (b) de l'adsorbeur ; (1) enveloppe d'isolation ; (2) caloduc ; (3) adsorbant.

3.2.3.1. Calcul de différentes fractions dans le milieu solide

Le milieu poreux considéré est constitué de trois phases : une phase solide constituée par les grains de charbon actif (s), une phase gazeuse (g) et une phase adsorbée (a).

- **Fraction volumique de la phase solide**

Elle est donnée par :

$$1 - \varepsilon = \frac{V_s}{V_t} \tag{3.10}$$

avec

ε porosité du milieu poreux ;

V_s volume de la phase solide dans une tranche.

- **Fraction volumique de la phase adsorbée**

On peut l'écrire sous la forme :

$$\theta = \frac{V_a}{V_t} = \frac{m_a}{\rho_a V_t} = \left(x \rho_{app} \right) / \rho_a \tag{3.11}$$

m_a masse adsorbée d'ammoniac dans une tranche ;

x masse d'adsorbat en kg d'ammoniac par kg de charbon actif ;

ρ_a masse volumique de l'adsorbat (à la phase adsorbée) ;

V_a volume de la phase adsorbée dans une tranche ;

ρ_{app} masse volumique apparente du charbon actif.

avec

$$\rho_{app} = \frac{\text{masse du charbon actif}}{\text{volume apparent du charbon actif}}$$

- **Fraction volumique de la phase gazeuse**

Elle est donnée par :

$$\frac{V_g}{V_t} = \varepsilon - \theta = \varepsilon - \frac{x \rho_{app}}{\rho_a} \tag{3.12}$$

où V_g désigne le volume de la phase gazeuse dans une tranche.

Les équations de transfert de chaleur et de masse dans le milieu poreux, constitué par du charbon actif réagissant par adsorption avec l'ammoniac, que nous allons développer dans les paragraphes qui suivent, ont été mis au point par Mimet [14].

3.2.3.2. Équation de conservation de masse

Lors du processus de transfert de chaleur et de masse à l'intérieur du milieu poreux, nous soulignons qu'un transfert de chaleur induit un transfert de masse et vice versa. En effet, les couches les plus chaudes désorbent de l'ammoniac gazeux qui s'adsorbe sur des couches plus froides. Ce transfert de masse lui-même induit un transfert de chaleur, d'abord parce que le gaz s'adsorbant sur les couches froides est plus chaud, mais surtout en raison du caractère exothermique de l'adsorption. L'équation de conservation de masse de l'adsorbat s'énonce comme suit :

« La différence entre la masse d'ammoniac gazeux entrant dans une couche et celle sortant de la même couche, est égale à la masse de l'adsorbat sous forme gazeuse et adsorbée qui s'y est accumulée, par unité de temps ».

$$\frac{\partial}{\partial t}\left[V_l\left((\varepsilon-\theta)\rho_g+\theta\rho_a\right)\right]=q(r,t)-q(r+dr,t)=-\frac{\partial q(r,t)}{\partial r}dr \qquad (3.13)$$

q étant le débit massique d'ammoniac gazeux traversant la tranche considérée.

3.2.3.3. Équation du bilan d'énergie dans le lit poreux

Pour écrire l'équation de transfert de chaleur dans le lit poreux, nous appliquons le premier principe de la thermodynamique d'un système ouvert, à la tranche considérée dans l'adsorbant qui s'écrit sous la forme suivante :

$$\frac{\partial(\delta U)}{\partial t}+\sum_s q_s H_s-\sum_e q_e H_e=\phi+P \qquad (3.14)$$

δU énergie interne d'une tranche du milieu poreux ;

q_e débit massique de l'ammoniac entrant dans la tranche avec une enthalpie H_e ;

q_s débit massique de l'ammoniac sortant de la tranche avec une enthalpie H_s ;

ϕ flux de chaleur échangé avec l'extérieur ;

P puissance mécanique (supposée nulle).

L'énergie interne δU peut être explicitée dans le milieu, en utilisant les fractions volumiques respectives des phases, gazeuse, adsorbée et solide. Elle s'écrit sous la forme :

$$\delta U = V_t \left[(1-\varepsilon)\rho_s u_s + (\varepsilon - \theta)\rho_g u_g + \theta\rho_a u_a \right] \tag{3.15}$$

u_i est l'énergie interne massique de la phase du constituant i ($i = s, g, a$).

Ainsi, l'équation (3.14) peut être formulée comme suit :

$$\frac{\partial}{\partial t}\left[V_t \left((1-\varepsilon)\rho_s u_s + (\varepsilon - \theta)\rho_g u_g + \theta\rho_a u_a \right) \right] + q(r+dr,t)H_g\left(T(r+dr),p\right)$$
$$- q(r,t)H_g\left(T(r),p\right) = \lambda_e V_t \left[\frac{\partial^2 T}{\partial r^2} + \frac{1}{r}\frac{\partial T}{\partial r} \right] \tag{3.16}$$

Le phénomène d'hystérésis dû à la condensation capillaire est négligeable, cela implique que l'enthalpie de l'ammoniac gazeux peut s'écrire sous une forme analogue à celle d'une condensation pure :

$$H_g(T) = H_a(T) + \Delta H_{ads} \tag{3.17}$$

$H_g(T)$ et $H_a(T)$ désignent les enthalpies spécifiques de l'adsorbat, respectivement, aux phases gazeuses et adsorbées.

La chaleur latente d'adsorption de l'ammoniac sur le charbon actif, ΔH_{ads}, est calculée en appliquant l'équation Clausius-Clapeyron [94] :

$$\Delta H_{ads} = RT^2 \left(\frac{d\ln P}{dT} \right)_x \tag{3.18}$$

où R est la constante de gaz de l'adsorbat ; x est la masse adsorbée du réfrigérant par unité de masse de l'adsorbant (kg/kg de CA), qui est une fonction de la température (T) et de la pression (P) du lit adsorbant.

3.2.3.4. Équation combinée de transfert de chaleur et de masse dans l'adsorbant

En combinant les équations de conservation de masse (3.13) et l'équation de conservation d'énergie (3.16), on obtiendra l'équation suivante :

$$2\pi r l_r \left[\begin{array}{l} (1-\varepsilon)\rho_s \dfrac{\partial u_s}{\partial t} + u_s \dfrac{\partial}{\partial t}\big((1-\varepsilon)\rho_s\big) + (\varepsilon-\theta)\rho_g \dfrac{\partial u_g}{\partial t} + \big(u_g - H_g\big)\dfrac{\partial}{\partial t}(\varepsilon-\theta)\rho_g \\[2mm] + \big(u_a - H_g\big)\dfrac{\partial}{\partial t}(\theta\rho_a) + (\theta\rho_a)\dfrac{\partial u_a}{\partial t} \end{array} \right] \qquad (3.19)$$

$$+ q(r,t)\dfrac{\partial H_g}{\partial r} = 2\pi r \lambda_e l_r \left[\left(\dfrac{\partial^2 T}{\partial r^2}\right) + \dfrac{1}{r}\dfrac{\partial T}{\partial r} \right]$$

Nous supposons en plus que, pour les deux phases solide et adsorbée, la différence entre la chaleur massique à pression constante et à volume constant est négligeable (hypothèse d'incompressibilité) :

$$du = C_v dT = C_p dT \qquad (3.20)$$

L'enthalpie spécifique peut être exprimée en fonction de l'énergie interne, la pression et la masse volumique comme suit :

$$u_g - H_g = -\dfrac{p}{\rho_g} \qquad (3.21)$$

Nous obtenons

$$u_a - H_g = -\dfrac{p}{\rho_a} - \Delta H_{ads} \qquad (3.22)$$

L'équation (3.19) devient alors :

$$\overbrace{\big[(1-\varepsilon)\rho_s C_s + \theta\rho_a C_a + (\varepsilon-\theta)\rho_g C_g\big]\dfrac{\partial T}{\partial t}}^{(I)} - \overbrace{(p/\rho_g)\dfrac{\partial}{\partial t}\big((\varepsilon-\theta)\rho_g\big)}^{(II)} - \overbrace{(1/V_t)(p/\rho_a)\dfrac{\partial m_a}{\partial t}}^{(III)}$$

$$\underbrace{-\Delta H_{ads}(1/V_t)\dfrac{\partial m_a}{\partial t}}_{(IV)} + \underbrace{\dfrac{q}{2\pi r l_r}C_g\dfrac{\partial T}{\partial r}}_{(V)} = \underbrace{\lambda_e\left[\dfrac{\partial^2 T}{\partial r^2} + \dfrac{1}{r}\dfrac{\partial T}{\partial r}\right]}_{(VI)} \qquad (3.23)$$

Les différents termes de l'équation (3.23) représentent, respectivement, (I) l'énergie de chauffage du charbon actif et de l'ammoniac aux phases gazeuse et adsorbée ; (II) l'énergie élastique de l'ammoniac à la phase gazeuse ; (III) l'énergie élastique de l'ammoniac à la phase adsorbée ; (IV) la chaleur d'adsorption ; (V) la chaleur échangée par convection et enfin (VI) la chaleur échangée par conduction.

Le terme convectif (V) peut être négligé devant le terme (IV). En effet, comparons :

$$\Delta H_{ads}(1/V_t)\dfrac{\partial m_a}{\partial t} = (q/V_t)\Delta H_{ads} \qquad (3.24)$$

et

$$\frac{q}{2\pi r l_r} C_g \frac{\partial T}{\partial r} = \frac{q}{V_t} C_g \frac{\partial T}{\partial r} dr = \frac{q}{V_t} \frac{\partial H_g}{\partial r} dr = (q/V_t) \delta H_g \qquad (3.25)$$

La différence de température entre deux couches consécutives dans le lit adsorbant est au maximum de l'ordre de 2 °C, qui correspond à une faible variation d'enthalpie spécifique, δH_g, (δH_g varie par exemple d'environ 1 kJ/kg de NH_3 à 30 °C), tandis que la variation de la chaleur d'adsorption est de l'ordre de 1500 kJ/kg de NH_3 [14].

L'équation de transfert de chaleur et de masse sous sa forme combinée s'écrit sous la forme suivante :

$$\left[(1-\varepsilon)\rho_s C_s + (\varepsilon-\theta)\rho_g C_g + \theta\rho_a C_a\right]\frac{\partial T}{\partial t} = \lambda_e \left[\frac{\partial^2 T}{\partial r^2} + \frac{1}{r}\frac{\partial T}{\partial r}\right] + \frac{\partial}{\partial t}\left((\varepsilon-\theta)\rho_g\right)\frac{p}{\rho_g}$$
$$+ \frac{1}{V_t}\left(\frac{p}{\rho_a} + \Delta H_{ads}\right)\left(\frac{\partial m_a}{\partial t}\right) \qquad (3.26)$$

3.2.3.5. Conditions initiales et aux limites

Les conditions initiales et aux limites sont écrites ci-dessous :

- *Conditions aux limites*

$$r = R_1 \qquad -\lambda_e\left(\frac{\partial T}{\partial r}\right)_{r=R_1} = h_{gl}\left(T_{hp} - T\right) \qquad (3.27)$$

$$r = R_2 \qquad \left(\frac{\partial T}{\partial r}\right)_{r=R_2} = 0 \qquad (3.28)$$

où h_{gl} est le coefficient de transfert de chaleur global entre la vapeur du caloduc et le lit adsorbant. L'équation de la résistance thermique correspondante, R_{gl}, s'écrit :

$$R_{gl} = 1/2\pi l_r \left[\frac{\ln(D_1/D_i)}{\lambda_{met}} + \frac{\ln(D_i/D_{ci})}{\lambda_{eff}} + \frac{1}{h_e R_1}\right] \qquad (3.29)$$

avec h_e est le coefficient de transfert de chaleur interne entre le charbon actif et le métal en acier inoxydable et λ_e est la conductivité thermique équivalente du lit adsorbant ; ces deux paramètres ont été évalués en utilisant une méthode d'identification [14].

- **Conditions initiales**

A l'instant initial, nous supposons une répartition uniforme de la température dans tout le réacteur et la pression est supposée égale à la pression de saturation du réfrigérant à la température de l'évaporateur (T_{ev}) :

$$T(t=0) = T_{ab}(t=0) = T_g(t=0)$$
$$P(t=0) = P_{ev} = P_{sat}(T_{ev})$$

Lorsque le réacteur est ouvert, nous supposons que la pression reste égale à la pression du condenseur au cours de la désorption, et à la pression de l'évaporateur lors de l'évaporation.

Le fonctionnement du réacteur fermé se traduit par la conservation de la masse totale d'ammoniac existante dans le réacteur, cette condition s'exprime par :

$$\frac{\partial}{\partial t} \iiint_{\Omega} (m_a + m_g) dv = 0 \tag{3.30}$$

m_g et m_a désignent, respectivement, la concentration du gaz et la masse adsorbée dans le réacteur.

3.2.4. Modèle d'équilibre d'adsorption

La masse adsorbée, x, du réfrigérant par unité de masse d'adsorbant (kg/kg), qui est une fonction de la température (T) et de la pression (P) du lit adsorbant, est estimée à partir de l'équation de Dubinin-Astakhov (D-A) [95].

$$x = W_0 \rho_l(T) exp\left[-D\left(T \ln\left(\frac{P_{sat}}{P} \right) \right)^n \right] \tag{3.31}$$

où ρ_l est la masse volumique de l'adsorbat liquide ; W_o est le volume total des micropores accessibles à la vapeur ; D est le coefficient d'affinité et n est un paramètre caractéristique du couple d'adsorption. Pour le couple employé dans ce travail, les valeurs numériques de W_o, D et n sont évaluées comme suit [14] :
$W_o = 0,456 \times 10^{-3}$ m^3/kg ; $D = 0,53 \times 10^{-4}$ K^{-n} et $n = 1,49$.

Les propriétés thermodynamiques d'équilibre du couple adsorbant/adsorbat sont disponibles dans la littérature : le charbon actif utilisé est du type BPL dont les propriétés sont données par le fabricant [96], alors que les propriétés de l'ammoniac sont données à l'aide de tables de l'IIF [15,97].

4. Résolution numérique

4.1. Discrétisation du système d'équations

Les équations obtenues sont des équations aux dérivées partielles non linéaires, dont la résolution analytique est impossible. Nous procédons numériquement pour les résoudre. Nous choisissons la méthode des différences finies utilisant le schéma implicite pour la résolution des équations couplées de transfert de chaleur et de masse dans l'adsorbeur.

Cette méthode consiste à discrétiser l'espace et le temps en approchant les dérivées spatiales et temporelles à l'aide de valeurs aux nœuds (i,j), où i est relatif au pas d'espace et j est relatif au pas du temps (figure 3.7).

En effet, soient Δt le pas du temps et Δr le pas de discrétisation dans l'espace suivant la direction radiale, nous adoptons la notation T_i^j pour le champ de température au nœud *(i, j)* de coordonnées :

$(r,t) = (R_1 + (i-1)\Delta r,\ j\Delta t)$

Les dérivées partielles de la température s'écrivent en un nœud *(i, j)* sous les formes discrétisées suivantes :

$$\left(\frac{\partial T}{\partial r}\right)_i^j = \frac{T_{i+1}^j - T_i^j}{\Delta r} \tag{3.32}$$

$$\left(\frac{\partial T}{\partial t}\right)_i^j = \frac{T_i^{j+1} - T_i^j}{\Delta t} \tag{3.33}$$

Le Laplacien s'écrit au nœud i, à l'instant t :

$$\frac{\partial^2 T}{\partial r^2} = \frac{T_{i+1}^{j+1} - 2T_i^{j+1} + T_{i-1}^{j+1}}{(\Delta r)^2} \tag{3.34}$$

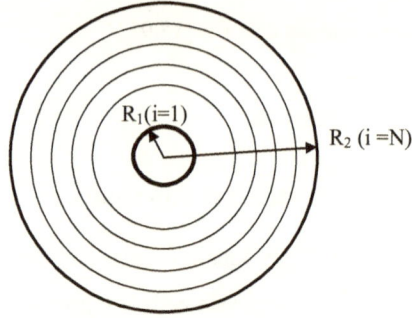

$$\Delta r = (R_2 - R_1)/(N-1)$$
$$= (r - R_1)/(i-1)$$

Figure 3.7 : Discrétisation du réacteur cylindrique en (N-1) tranches égales.

Nous obtiendrons donc les équations discrétisées formant le système de N équations à N inconnues suivant :

* $\quad i = 1 \quad (r = R_1)$

$$\left(1 + h_{gl}\frac{\Delta r}{\lambda_e}\right)T_1^{j+1} - T_2^{j+1} = h_{gl}T_{ca}\left(\frac{\Delta r}{\lambda_e}\right)$$

* $\quad 2 \leq i \leq N-1$

$$T_i^j + \frac{B(T)}{A(T)}\Delta t = -L(T)\left(1 - \frac{1}{2\left((R_1/\Delta r)+(i-1)\right)}\right)T_{i-1}^{j+1} + \left(1 + 2L(T)\right)T_i^{j+1}$$

$$-L(T)\left(1 + \frac{1}{2\left((R_1/\Delta r)+(i-1)\right)}\right)T_{i+1}^{j+1}$$

* $\quad i = N \quad (r = R_2)$

$$T_N^j + \frac{B(T)}{A(T)}\Delta t = \left(1 + 2L(T)\right)T_N^{j+1} - 2L(T)T_{N-1}^{j+1} \tag{3.35}$$

avec

$$A(T) = \left[(1-\varepsilon)\rho_s C_s + (\varepsilon - \theta)\rho_g C_g + \theta\rho_a C_a\right]$$

$$B(T) = \frac{\partial}{\partial t}\left((\varepsilon - \theta)\rho_g\right)\frac{p}{\rho_g} + \frac{1}{V_t}\left(\frac{p}{\rho_a} + \Delta H_{ads}\right)\left(\frac{\partial m_a}{\partial t}\right) \tag{3.36}$$

$$L(T) = \frac{\lambda_e \Delta t}{A(T)(\Delta r)^2}$$

85

Cette méthode permet ainsi de remplacer le système d'équations aux dérivées partielles (3.26) par un système d'équations aux différences finies. En écriture matricielle le système de l'équation (3.36) s'écrit :

$$\underbrace{\begin{bmatrix} b_1 & c_1 & 0 & & & & \\ a_2 & b_2 & c_2 & 0 & & & \\ 0 & a_3 & b_3 & c_3 & 0 & & \\ & 0 & . & . & . & 0 & \\ & & 0 & . & . & . & 0 \\ & & & 0 & . & . & c_{n-1} \\ & & & & 0 & a_n & b_n \end{bmatrix}}_{M} (T) = \underbrace{\begin{bmatrix} d_1 \\ d_2 \\ . \\ . \\ . \\ . \\ d_n \end{bmatrix}}_{D} \tag{3.37}$$

La matrice de ce système étant tridiagonale, la résolution a été faite à l'aide de l'algorithme TDMA (Tri-Diagonal Matrix Algorithm). Pour les autres équations de bilan d'énergie (vitre, absorbeur), nous utilisons la méthode implicite d'Euler (Backword Euler method).

4.2. Linéarisation du système d'équations

Le système d'équations algébrique obtenu est non linéaire ; les coefficients A, B et L dépendent des pas de calcul, des propriétés physiques du milieu et de l'inconnue (température), pour aboutir à sa résolution, nous utilisons, comme déjà précisé, la méthode des différences finies basée sur le schéma implicite ; ce dernier présente l'avantage essentiel d'être inconditionnellement stable. La non-linéarité des équations est résolue par une technique itérative, en procédant comme suit :

Au premier pas du calcul les coefficients qui sont fonctions des températures sont calculés à partir des températures à l'instant initial.

A partir de ces coefficients, nous obtenons une première approximation de la répartition des températures, T_i^{j+1}, entre la distribution calculée et celle précédente.

Puis à la moyenne des températures entre la distribution calculée et celle précédente les coefficients sont recalculés, et à l'aide de ces nouveaux coefficients une nouvelle distribution de températures est estimée. Nous répétons ces itérations jusqu'à ce que la différence de température entre deux itérations successives soit inférieure à une précision fixée auparavant. Le résultat obtenu constitue le champ de températures calculées au nœud (i) et aux instants $t + \Delta t$.

Dans le cas où le réacteur est fermé, la masse totale d'ammoniac doit être conservée. À la première approximation des températures. Nous recalculons la pression et nous effectuons un test sur la masse totale d'ammoniac. Si la masse totale à l'instant t est supérieure à celle calculée à l'instant initial, alors nous augmentons la pression d'un certain incrément et nous recalculons la masse totale et ce, jusqu'au moment où elle égalera la masse totale initiale.

Dans le cas où le réacteur est ouvert, la pression n'a plus de raison d'être calculée, car elle est imposée par le condenseur mais, dans ce cas, nous calculons la masse totale adsorbée et la distribution des températures suivant le rayon.

4.3. Programme de résolution

Pour résoudre les équations du modèle, en tenant compte des étapes précédentes, nous avons développé un programme informatique. Les principales étapes de ce programme sont résumées comme suit :

■ Lecture de différentes données (climatiques, paramètres géométriques et physiques, etc.) ;

■ construction de la matrice M et du vecteur D (éq.3.37) ;

■ appel des sous-programmes calculant les différents coefficients inconnus ;

■ appel du sous-programme de l'algorithme TDMA pour résoudre le système [M](T) = [D] ;

■ calcul de la pression et de la masse adsorbée en utilisant l'équation de Dubinin : $x = f(P,T)$;

■ effectuer les tests de convergence : le résultat obtenu est valide si la différence entre deux températures consécutives est inférieure à une tolérance préalablement fixée ;

■ affichage et stockage des résultats obtenus à chaque itération.

L'organigramme afférent à ce programme est explicité à la figure 3.8.

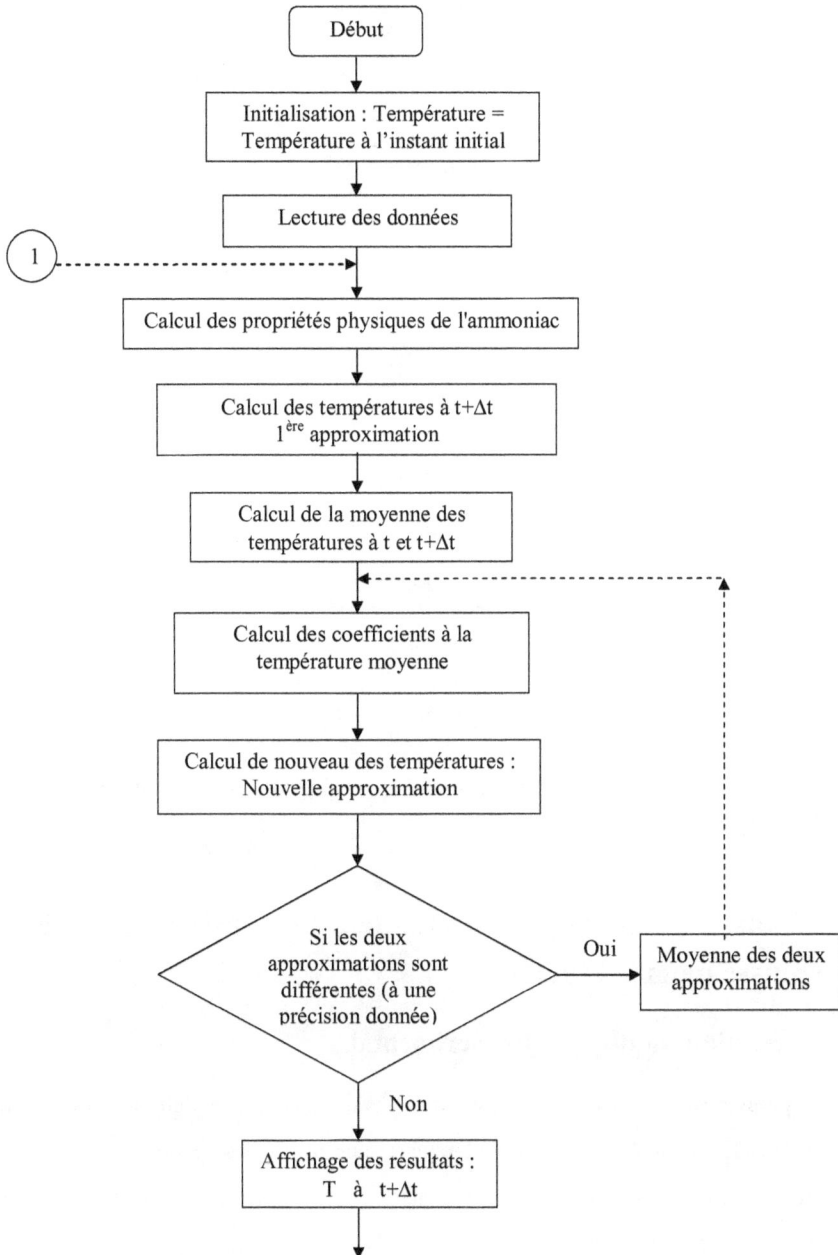

```
                    ┌─────────────┐
                    │    Début    │
                    └─────────────┘
                           │
                           ▼
          ┌──────────────────────────────────┐
          │ Initialisation : Température =    │
          │ Température à l'instant initial   │
          └──────────────────────────────────┘
                           │
                           ▼
          ┌──────────────────────────────────┐
          │      Lecture des données          │
          └──────────────────────────────────┘
   ╭───╮                    │
   │ 1 │┄┄┄┄┄┄┄┄┄┄┄┄┄┄┄┄┄┄▶ │
   ╰───╯                    ▼
      ┌──────────────────────────────────────────┐
      │ Calcul des propriétés physiques de        │
      │ l'ammoniac                                │
      └──────────────────────────────────────────┘
                           │
                           ▼
          ┌──────────────────────────────────┐
          │ Calcul des températures à t+Δt    │
          │ 1ère approximation                 │
          └──────────────────────────────────┘
                           │
                           ▼
          ┌──────────────────────────────────┐
          │ Calcul de la moyenne des          │
          │ températures à t et t+Δt          │
          └──────────────────────────────────┘
                           │◀┄┄┄┄┄┄┄┄┄┄┄┄┄┄┄┄┄┐
                           ▼                    ┆
          ┌──────────────────────────────────┐ ┆
          │ Calcul des coefficients à la      │ ┆
          │ température moyenne               │ ┆
          └──────────────────────────────────┘ ┆
                           │                    ┆
                           ▼                    ┆
          ┌──────────────────────────────────┐ ┆
          │ Calcul de nouveau des températures:│┆
          │ Nouvelle approximation            │ ┆
          └──────────────────────────────────┘ ┆
                           │                    ┆
                           ▼                    ┆
              ╱────────────────╲               ┆
             ╱   Si les deux     ╲     Oui    ┌──────────────────┐
            ╱ approximations sont  ╲────────▶ │ Moyenne des deux │
            ╲ différentes (à une   ╱          │ approximations   │
             ╲ précision donnée)  ╱           └──────────────────┘
              ╲────────────────╱
                    │
                   Non
                    ▼
          ┌──────────────────────────────────┐
          │ Affichage des résultats :         │
          │   T   à   t+Δt                     │
          └──────────────────────────────────┘
                           │
                           ▼
```

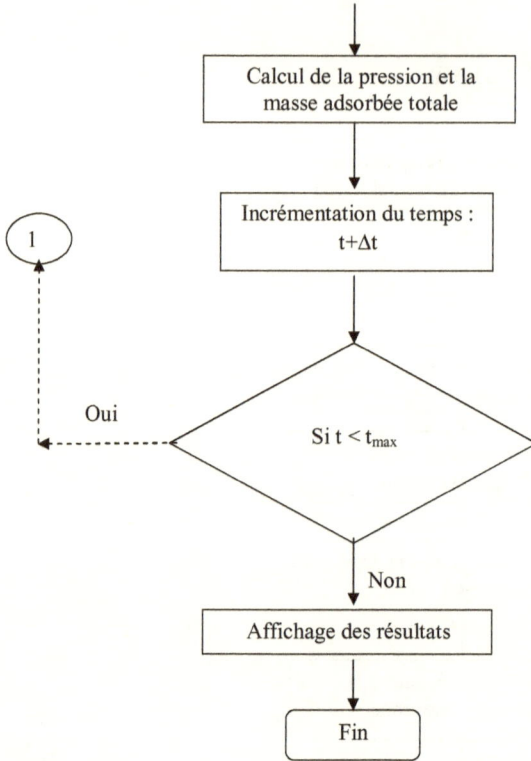

Figure 3.8 : Organigramme schématisant les principales étapes du programme développé.

5. Validation expérimentale du modèle de transfert de chaleur et de masse dans le réacteur

5.1. Description du dispositif expérimental

Dans ce paragraphe, nous nous intéressons à la validation du modèle de transfert de chaleur dans le réacteur. Pour ce faire, nous avons utilisé les résultats des travaux expérimentaux réalisés [14] avec un réacteur de forme cylindrique à double enveloppe en acier inoxydable (figure 3.9).

Ce réacteur de diamètre intérieur 53 mm et de longueur 250 mm a été chauffé à l'aide d'une huile thermique, qui circule le long de l'espace intérieur de l'enveloppe avec un débit de 1,5 l/min. La température du thermostat s'est étendue entre 20 et 250 °C.

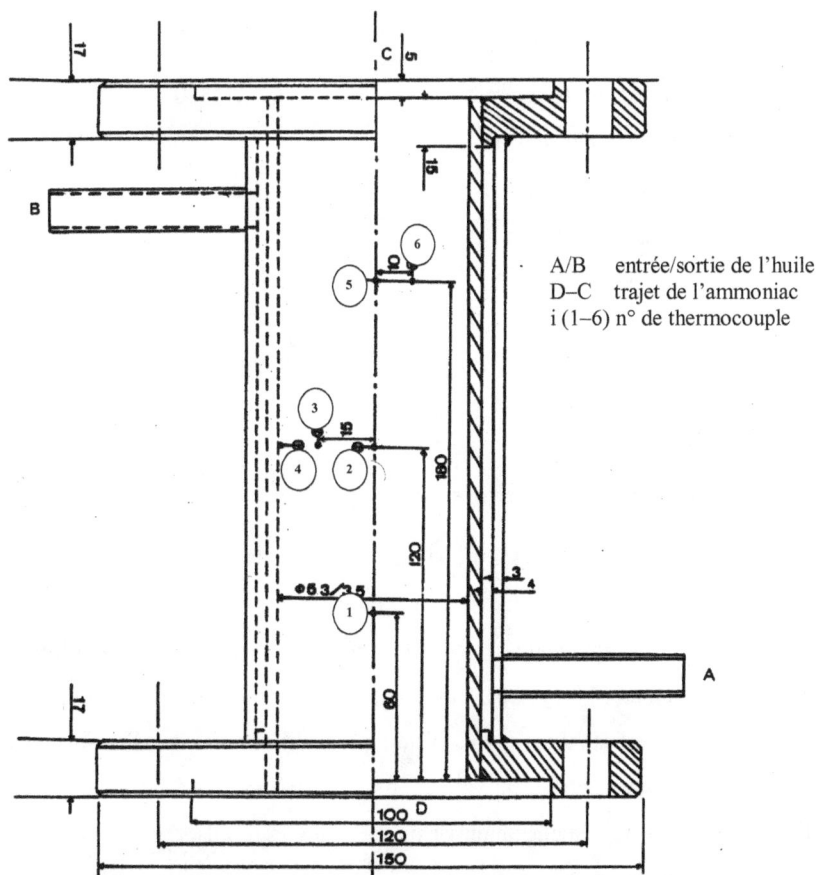

A/B   entrée/sortie de l'huile
D–C   trajet de l'ammoniac
i (1–6) n° de thermocouple

Figure 3.9 : Schéma du réacteur utilisé dans l'expérience.

Le réacteur est muni de deux brides couvercles qui s'assemblent sur le tube central par l'intermédiaire de boulons. Les deux couvercles comportent deux orifices en leurs centres, permettant l'entrée et la sortie de l'ammoniac gazeux. Dans cette expérience, le réacteur a été empaqueté de 274 g de charbon actif de forme granulaire de type

BPL, dont les particules ont un diamètre moyen de 2 mm [96]. Les propriétés physiques de ce charbon sont inscrites dans le tableau 3.2.

Paramètre	Valeur
Surface spécifique (m^2/g)	1050–1150
Densité apparente (g/cm^3)	0,48–0,54
Densité de la particule (g/cm^3)	0,75–0,80
Densité réelle (g/cm^3)	2,0–2,2
Volume des pores (cm^3/g)	0,87–0,85
Chaleur spécifique à 100°C (Kcal/Kg °C)	0,20–0,25

Tableau 3.2 : Propriétés physiques du charbon actif utilisé dans l'expérience.

5.2. Confrontation des résultats

Sur la figure 3.10 sont présentés les résultats expérimentaux et ceux calculés à l'aide du modèle présenté ci-dessus. Cette figure montre l'évolution en fonction du temps des températures expérimentales et calculées à trois positions radiales différentes à l'intérieur du réacteur (2,3,6). Les températures ont été mesurées en employant six thermocouples placés dans des points différents du lit adsorbant cylindrique (tableau 3.3). La comparaison entre ces valeurs montre une concordance acceptable. Le modèle du transfert de chaleur unidimensionnel dans le lit adsorbant est donc validé, durant la phase de chauffage.

Numéro de thermocouple, i	1	2	3	4	5	6
Position radiale, r_i (cm)	0,00	0,00	1,5	2,65	0,00	1,00
Position axiale, z_i (cm)	6,00	12,00	12,00	12,00	18,00	18,00

Tableau 3.3 : Positions respectives des thermocouples dans l'adsorbeur cylindrique.

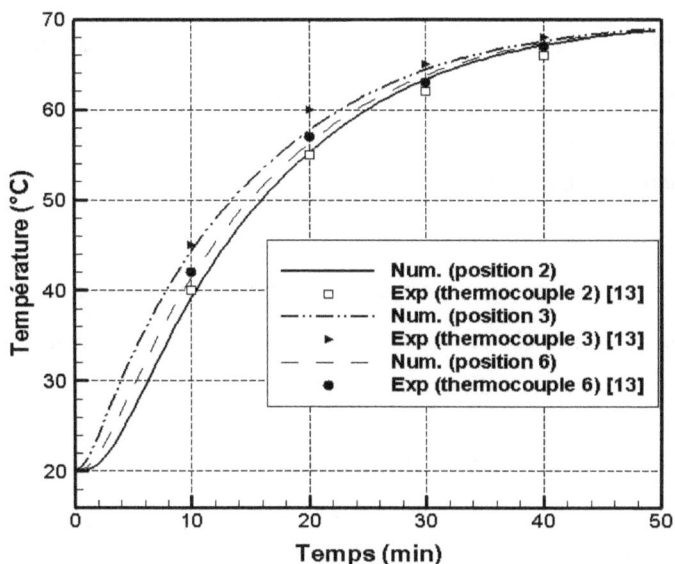

Figure 3.10 : Comparaison des températures mesurées et calculées.

6. Performance des systèmes de réfrigération à adsorption

Les paramètres d'évaluation des performances des systèmes de réfrigération à adsorption, étudiés dans ce travail, sont le coefficient de performance solaire (COPs), le coefficient de performance thermique du cycle (COP_{cycle}) et la puissance frigorifique spécifique (PFS). Ces paramètres sont définis dans les paragraphes suivants.

6.1. Coefficient de performance solaire

Un paramètre clé pour évaluer l'efficacité d'une machine frigorifique solaire à adsorption est le coefficient de performance solaire, défini comme étant le rapport entre l'énergie soutirée à l'évaporateur (effet utile) et l'irradiation solaire reçue par le capteur solaire, il s'écrit sous la forme :

$$COP_s = \frac{Q_c}{\int A_c.I(t).dt} \qquad (3.38)$$

où Q_c est l'effet utile produit à l'évaporateur, qui est égal à la chaleur latente d'évaporation du réfrigérant moins la chaleur sensible nécessaire pour refroidir ce réfrigérant de la température de condensation jusqu'à la température d'évaporation, son expression est donnée par :

$$Q_c = m_{CA} \Delta x \left[L\left(T_{ev}\right) - \int_{Tev}^{Tcon} C_l dT \right] \qquad (3.39)$$

avec $L(T_{ev})$ est la chaleur latente de vaporisation de l'ammoniac à la température d'évaporation ; C_l est la chaleur spécifique de l'adsorbat liquide ; m_{CA} représente la masse du charbon actif et Δx désigne la masse de l'adsorbat cyclée.

6.2. Coefficient de performance thermique

Ce paramètre est le rapport entre l'effet utile produit à l'évaporateur et la chaleur absorbée par le réacteur, Q_{abs}, pendant un cycle.

$$COP = \frac{Q_c}{Q_{abs}} \qquad (3.40)$$

Le terme Q_{abs} regroupe la chaleur qui sert à chauffer les différentes parties de l'adsorbeur, à savoir (i) le tube métallique (Q_1), (ii) l'adsorbant (Q_2), (iii) l'adsorbat (Q_3) ainsi que (iv) celle de désorption de la quantité d'ammoniac (Q_4).

$$Q_{abs} = Q_1 + Q_2 + Q_3 + Q_4 \qquad (3.41)$$

$$Q_1 = \int_{T_{ads}}^{T_{g2}} m_{met} C_{met} dT \qquad (3.42)$$

$$Q_2 = \int_{T_{ads}}^{T_{g2}} m_{CA} C_{CA} dT \qquad (3.43)$$

$$Q_3 = \int_{T_{ads}}^{T_{g2}} m_{CA} x(T,P) C_l dT \qquad (3.44)$$

$$Q_4 = \int_{T_{g1}}^{T_{g2}} m_{CA} h_d \, dx = \int_{T_{g1}}^{T_{g2}} m_{CA} h_d \frac{\partial x}{\partial T} dT \qquad (3.45)$$

où h_d est la chaleur latente de désorption, tandis que $x(T,P)$ est la masse adsorbée par unité du charbon actif à la température T et à la pression P.

6.3. Puissance frigorifique spécifique (PFS)

Ce paramètre est défini comme étant le rapport entre l'effet utile et la durée du cycle par unité de masse d'adsorbant :

$$PFS = \frac{Q_c}{t_{cycle}.m_{CA}} \qquad (3.46)$$

7. Résultats et discussions

Dans cette section nous présentons les résultats de simulation numérique [97,98], obtenus à l'aide du programme de calcul susmentionné. Ce programme utilise, comme données climatiques, l'irradiation solaire globale et la température ambiante correspondantes à un jour de juillet de type clair, mesurées à Tétouan (35°35' N, 5°23' W) [99].

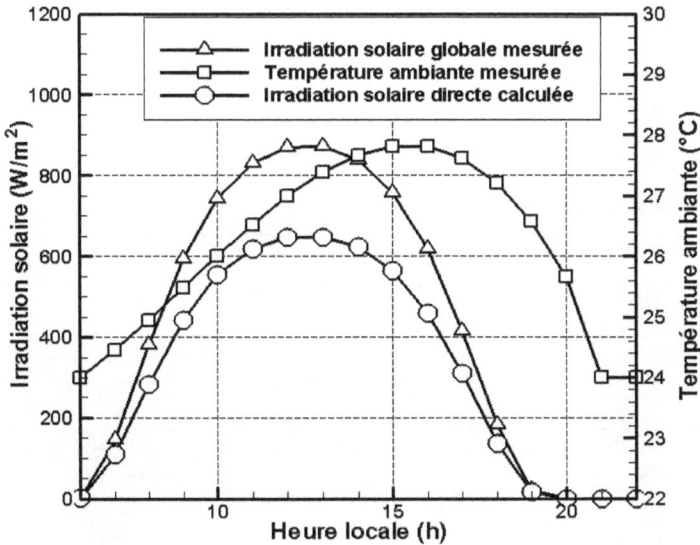

Figure 3.11 : Données climatiques utilisées dans la simulation.

L'irradiation solaire diffuse a été calculée à partir de l'irradiation solaire globale, en utilisant une corrélation valable pour le site de Tétouan et disponible dans la littérature [101]. Ces données climatiques sont représentées sur la figure 3.11. Les autres paramètres du système sont regroupés dans le tableau 3.4.

Symbole	Paramètre	Valeur	Unité
Concentrateur cylindro-parabolique			
C_{ab}	capacité de chaleur spécifique de l'absorbeur	0,49	kJ kg^{-1} K^{-1}
C_{ve}	capacité de chaleur spécifique du tube en verre	0,75	kJ kg^{-1} K^{-1}
D_{vi}	diamètre intérieur du tube de verre	0,11	m
D_{vo}	diamètre extérieur du tube en verre	0,115	m
D_1	diamètre extérieur de l'absorbeur	0,056	m
l_c	longueur du capteur	1,00	m
α_{ab}	absorptivité de l'absorbeur	0,92	–
α_{ve}	absorptivité du tube en verre	0,05	–
β	facteur optique du capteur	0,90	–
ε_{ab}	émissivité de l'absorbeur	0,90	–
ε_{ve}	émissivité du tube en verre	0,85	–
ρ_{ab}	masse volumique de l'absorbeur	7850	kg m^{-3}
ρ_{ve}	masse volumique du tube en verre	2500	kg m^{-3}
γ_r	réflectivité de la surface réfléchissante	0,90	–
τ	transmittivité du verre	0,90	–
Caloduc			
l_{ev}	longueur de l'évaporateur	1,00	m
D_i	diamètre intérieur de l'enveloppe du caloduc	0,048	m
D_{ci}	diamètre intérieur de la structure capillaire du caloduc	0,044	m
ε_{cap}	porosité de la mèche	0,73	–
λ_l	conductivité thermique de la phase liquide du fluide de fonctionnement	0,63	W m^{-1} K^{-1}

λ_{cap}	conductivité thermique du matériel de la mèche	46,00	W m^{-1} K^{-1}
Couple de charbon actif/ammoniac			
C_s	chaleur spécifique de l'adsorbant	0,836	kJ kg^{-1} °C^{-1}
h_e	coefficient de transfert de chaleur entre le métal du caloduc et le lit adsorbant	33,45	W m^{-2} K^{-1}
$L(T_{ev})$	chaleur latente d'ammoniac à la température d'évaporation	1262,40	kJ kg^{-1}
R_1	rayon interne du lit adsorbant	0,028	m
ε	porosité du lit adsorbant	0,71	–
λ_e	conductivité thermique équivalente du lit adsorbant	0,431	W m^{-1} K^{-1}
Conditions de fonctionnement			
T_{ads}	température d'adsorption	297,15	K
T_{con}	température de condensation	301,15	K
T_{ev}	température d'évaporation	273,15	K

Tableau 3.4 : Principaux paramètres adoptés dans la simulation du système intermittent.

Nous représentons sur la figure 3.12 les variations de la température du lit adsorbant en fonction du temps, à trois différentes positions dans l'adsorbeur. L'analyse des résultats montre l'existence d'un gradient de température suivant le rayon de l'adsorbeur. Elle montre également que la température est fortement influencée par la fluctuation du rayonnement solaire. La représentation en trois dimensions de la distribution des températures dans l'adsorbant, en fonction des coordonnées spatio-temporelles, est représentée sur la figure 3.13.

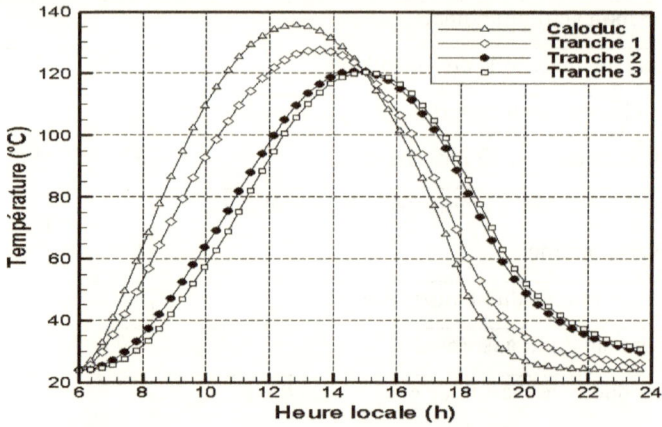

Figure 3.12 : Profil de la température dans différentes couches du lit adsorbant (R_2 = 0,12 m ; W = 0,84 m). Tranche 1 : Tranche adjacente au caloduc (r = 2,9 cm) ; Tranche 2 : celle au milieu (r = 7,4 cm) ; Tranche 3 : celle adjacente à l'enveloppe externe (r = 11,9 cm).

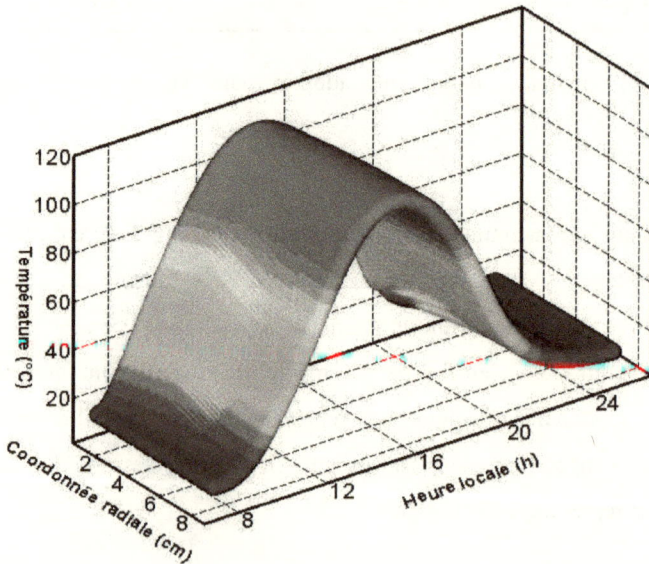

Figure 3.13 : Variation de la température dans l'adsorbant en fonction de la coordonnée radiale et du temps (R_2 = 10 cm ; W = 67,2 cm).

97

La figure 3.14 représente la variation de la masse d'ammoniac adsorbée par unité de masse d'adsorbant et la pression à l'intérieur de l'adsorbeur pendant un cycle de réfrigération. Nous remarquons que le cycle comprend bien quatre phases, à savoir, le chauffage isostérique, la désorption–condensation isobarique, le refroidissement isostérique et l'adsorption–évaporation isobarique. Ces phases correspondent aux périodes du rayonnement solaire diurne et nocturne. Bien que la quantité adsorbée totale dans l'adsorbeur reste constante pendant les phases isostériques de chauffage et de refroidissement, sa distribution dans chaque couche du milieu poreux n'est pas uniforme, en raison des processus de désorption et d'adsorption qui ont lieu à l'intérieur de l'adsorbeur.

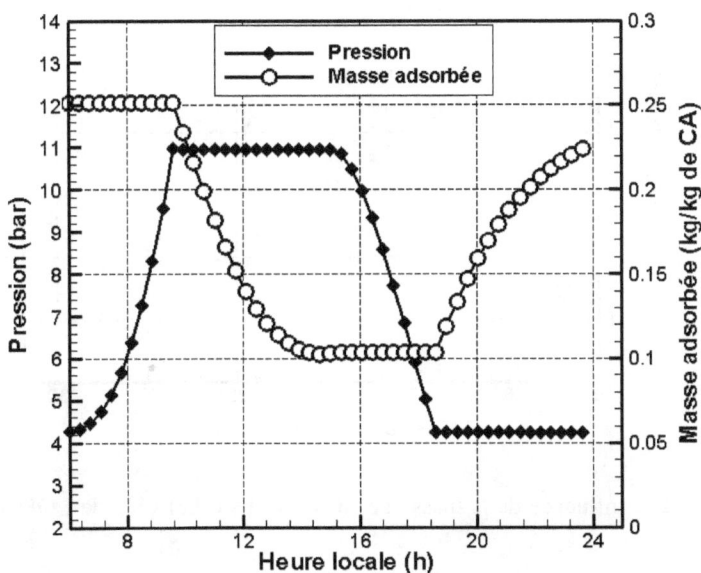

Figure 3.14 : Variations de la pression et de la masse adsorbée dans le réacteur, pendant un cycle simulé (R_2 à 0,12 m ; W = 0,84 m).

La figure 3.15 représente l'influence de la masse de l'adsorbant sur la performance du système frigorifique à adsorption. Ainsi, nous pouvons observer que la puissance frigorifique spécifique (PFS) et le coefficient de performance solaire (COPs) sont très sensibles à la variation de la masse de l'adsorbant. D'abord, nous constatons que la PFS diminue avec l'augmentation de la masse de l'adsorbant. En effet, la résistance thermique du lit poreux augmente avec la masse de l'adsorbant, cela réduit le transfert de chaleur dans le milieu poreux, ce qui rend le cycle de réfrigération plus long et entraine, par conséquent, une réduction de la production frigorifique spécifique.

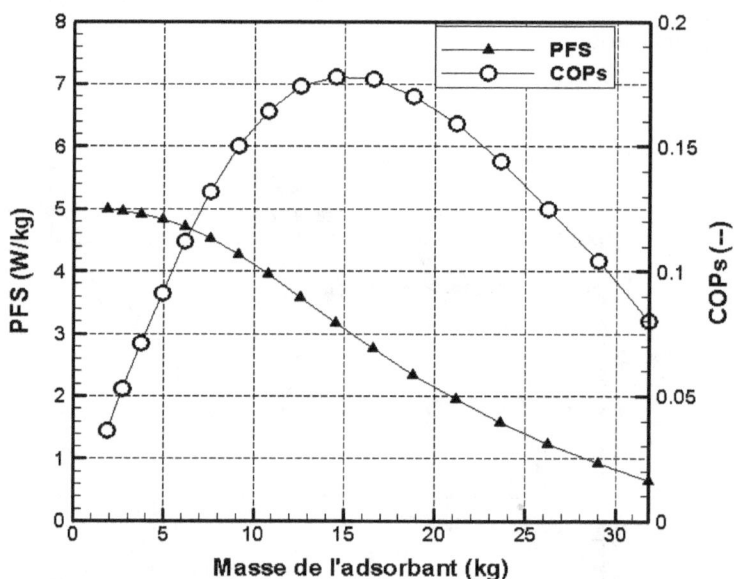

Figure 3.15 : Influence de la masse de l'adsorbant sur la PFS et le COPs (W = 0,728 m).

Nous remarquons aussi que le coefficient de performance solaire augmente avec la masse de l'adsorbant et dès que cette masse atteint une valeur critique, évaluée à 14,5kg, le COPs commence à diminuer. La raison réside dans le fait qu'une grande masse d'adsorbant provoque l'adsorption d'une grande quantité de masse de la vapeur d'ammoniac au début de la phase d'adsorption et par conséquent, la désorption d'une grande quantité d'ammoniac dans le processus de désorption. Cela produit plus de froid et aboutit, bien évidement, à des valeurs élevées du COPs. Toutefois, au-delà de la valeur optimale de 14,5 kg, le lit adsorbant est chauffé, mais la chaleur absorbée reste insuffisante pour désorber une quantité élevée de l'ammoniac. Nous remarquons que, pour une largeur d'ouverture du concentrateur égale à 72,8 cm, une valeur maximale du COPs de 0,18 est atteinte pour une masse d'adsorbant de 14,5 kg.

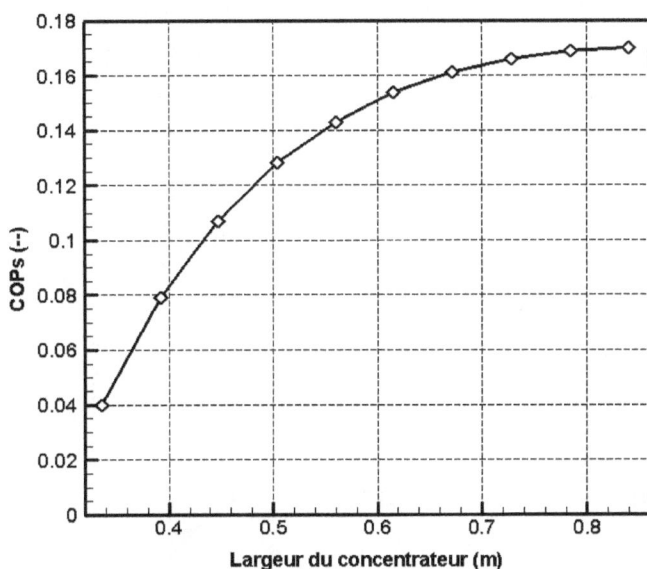

Figure 3.16 : Variation du COPs en fonction de la largeur d'ouverture du concentrateur (R_2 = 14 cm).

La figure 3.16 représente la variation du COPs en fonction de la largeur d'ouverture du concentrateur (W). Nous constatons que le COPs augmente avec W. Ceci peut être expliqué par le fait que lorsque W augmente, l'irradiation solaire collectée devient plus grande et donc plus de chaleur est absorbée par le réacteur, entrainant la désorption d'une grande quantité d'ammoniac et donc plus d'effet utile frigorifique est produit. Cependant, à partir de la valeur de W = 0,70 m, le COPs varie légèrement, car l'augmentation de W cause seulement une élévation de la chaleur sensible de l'adsorbeur (lit adsorbant et les parties métalliques) et, au-delà de cette valeur optimale, seulement une petite quantité d'ammoniac est désorbée. Ainsi, pour ce système (R_2 = 14 cm), les valeurs de W plus grandes que 70 cm ne correspondent pas à une configuration optimale.

La figure 3.17, représente la variation du COPs en fonction du rayon externe du réacteur (R_2), pour différentes valeurs de W. Nous constatons que, pour les petites valeurs de rayon du réacteur (R_2 < 10 cm), il n'y a aucune influence significative de W sur le COPs, parce que la variation de la largeur d'ouverture entraine seulement l'augmentation de la chaleur sensible de l'adsorbeur. Par conséquent, les performances restent inchangées. Mais, avec des rayons du réacteur assez élevés (R_2 > 10 cm), où plus d'énergie est nécessaire pour générer la désorption d'ammoniac, l'influence de W est plus prononcée.

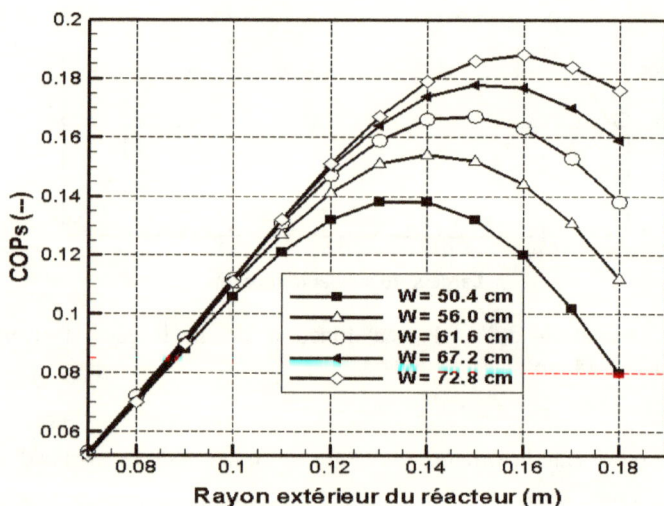

Figure 3.17 : Effet de la largeur d'ouverture du concentrateur (W) sur le COPs.

La figure 3.18 représente la variation du COPs en fonction de W et R_2. De cette figure nous pouvons observer que, pour chaque valeur de la largeur d'ouverture du concentrateur, il existe un dimensionnement radial optimum du lit adsorbant, qui correspond à un COPs maximum.

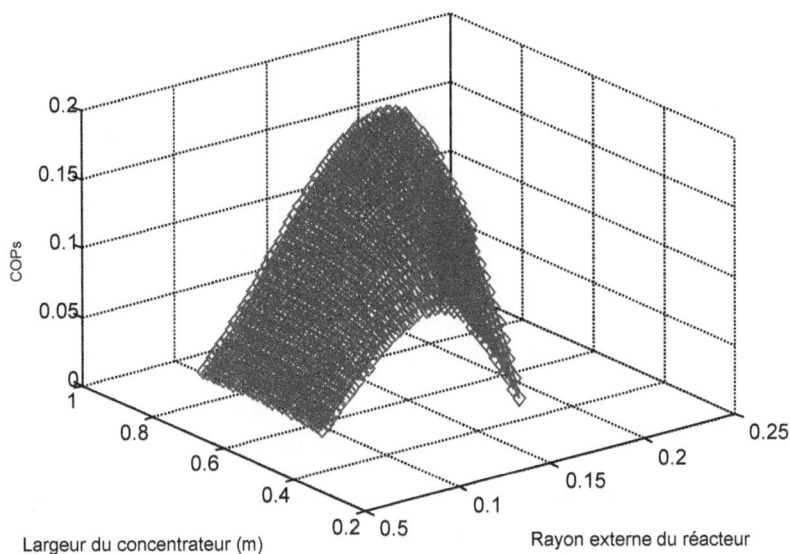

Figure 3.18 : Variation du COPs en fonction de la largeur d'ouverture du concentrateur et du rayon du réacteur.

8. Conclusion

Dans ce chapitre, nous avons évalué les performances d'un nouveau système de réfrigération à adsorption d'ammoniac sur charbon actif, chauffé à l'aide d'un concentrateur solaire cylindro-parabolique et couplé à un caloduc annulaire.

La validation des résultats obtenus à l'aide du modèle de transfert de chaleur et de masse dans le lit poreux a été effectuée à l'aide de résultats expérimentaux de la littérature. La comparaison a montré l'existence d'un bon accord entre les résultats expérimentaux et ceux calculés numériquement à l'aide du modèle.

Nous avons développé un programme numérique afin de simuler le fonctionnement du cycle de la machine et étudier l'influence de quelques paramètres de conception sur les performances de la machine.

L'analyse des résultats obtenus nous ont permis de tirer un certain nombre de conclusions :

▪ Les performances de la machine sont fortement influencées par la masse de l'adsorbant et par la surface du concentrateur solaire cylindro-parabolique (largeur d'ouverture). Nous avons montré qu'à chaque valeur de la largeur d'ouverture du concentrateur, correspond une dimension optimale de l'adsorbeur.

▪ La valeur optimale du coefficient de performance solaire est de l'ordre de 0,18, obtenue avec un rayon externe de l'adsorbeur et une largeur d'ouverture du concentrateur de l'ordre de 14,5 et 70 cm, respectivement. Ainsi, les résultats de performance de ce système peuvent être considérés comme prometteurs en comparaison avec ceux publiés et ayant été obtenus avec des réfrigérateurs à adsorption intermittents.

▪ En plus des performances élevées du système étudié, dues aux performances élevées du concentrateur cylindro-parabolique et à la haute densité de flux thermique du caloduc, le système proposé présente aussi l'avantage d'être léger comparativement avec ceux utilisant des capteurs solaires plans ou à tube évacué, ce qui permettrait de pallier à un inconvénient principal des systèmes de réfrigération à adsorption solide, en l'occurrence, le caractère volumineux.

Chapitre 4

Étude d'une machine frigorifique solaire à adsorption solide fonctionnant en cycle continu

1. Introduction

Durant les trois dernières décennies, plusieurs prototypes de réfrigération solaires à adsorption solide ont été testés. Les machines frigorifiques objets de ces travaux de recherche, ont concerné plusieurs domaines d'application, tels que la fabrication de glace et la congélation [57,59,61,63,67,102–107], la réfrigération pour conserver des denrées alimentaires et produits pharmaceutiques [70,71,108,109] et des applications de climatisation [68,69,110]. Toutefois, la plupart des machines étudiées utilisent des cycles intermittents à adsorption solide pour la réfrigération solaire, où la phase d'adsorption-évaporation est effectuée pendant la nuit. L'intermittence du cycle de base d'une machine à adsorption représente un obstacle pour le développement de ces machines et rend ces systèmes peu commodes pour l'utilisation.

En vue de surmonter le caractère intermittent des machines frigorifiques solaires à adsorption solide, nous avons réalisé une étude sur une machine fonctionnant en cycle continu. En effet, le réfrigérateur faisant l'objet de notre étude est constitué de deux adsorbeurs contenant le couple d'adsorption (charbon actif/ammoniac). Le chauffage de ces adsorbeurs est assuré à l'aide d'un réservoir d'eau chaude alimenté en chaleur par un concentrateur cylindro-parabolique. Un programme de simulation est développé pour simuler le comportement de fonctionnement de cette machine. Nous allons étudier la sensibilité du coefficient de performance du système et de la puissance frigorifique spécifique à certains paramètres.

2. Description du système étudié et principe de fonctionnement

Le système, objet du présent chapitre, que nous avons conçu est schématisé sur la figure 4.1. C'est un système frigorifique solaire à adsorption solide fonctionnant en cycle continu. Il se compose des éléments suivants :

• deux adsorbeurs cylindriques contenant le couple charbon actif/ammoniac ;

• un réservoir d'eau chaude, cet élément permet le chauffage des adsorbeurs et générer la désorption de l'ammoniac ;

• un réservoir d'eau froide, qui permet le refroidissement des adsorbeurs et provoquer l'adsorption de l'ammoniac ;

• un concentrateur solaire cylindro-parabolique, qui chauffe l'eau du réservoir de stockage de chaleur ;

• une pompe de circulation, qui pompe l'eau à travers le concentrateur ;

• un condenseur, un évaporateur, un réservoir de stockage de l'ammoniac liquide et des vannes.

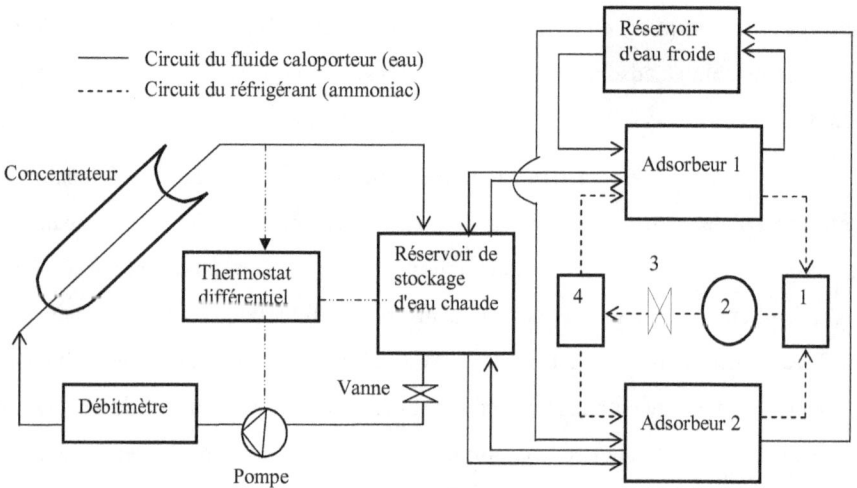

Figure 4.1 : Schéma du système de réfrigération solaire à adsorption– (1) condenseur ; (2) réservoir d'ammoniac ; (3) vanne d'expansion ; (4) évaporateur.

L'absorbeur, placé le long de la ligne focale du concentrateur solaire cylindro-parabolique, consiste en un tube cylindrique d'acier inoxydable contenant l'eau, comme fluide caloporteur. Il est entouré d'une enveloppe en verre afin d'augmenter l'effet de serre et donc réduire les pertes thermiques qui peuvent avoir lieu par rayonnement et convection. D'autre part, le lit adsorbant dans chaque adsorbeur, couvert d'une enveloppe constituée d'un matériau d'isolation, est chauffé et refroidi à l'aide d'un tube d'acier inoxydable inséré à l'intérieur de cet adsorbant.

Pour une production continue de froid dans l'évaporateur, nous envisageons un fonctionnement selon un mode « en déphasage » des adsorbeurs, c'est-à-dire lorsqu'un adsorbeur est chauffé pour désorber le réfrigérant à haute pression et à haute température, l'autre adsorbeur est refroidi pour adsorber le réfrigérant de l'évaporateur à basse pression et à basse température.

La température de l'eau chaude du réservoir augmente pendant le jour et lorsqu'elle atteint la valeur susceptible de provoquer la désorption du réfrigérant, le réservoir de stockage d'eau chaude est mis en contact avec l'adsorbeur n°1, afin de chauffer cet adsorbeur et déclencher le phénomène de désorption d'ammoniac. Le réfrigérant désorbé est condensé dans le condenseur. Ensuite l'ammoniac liquide s'écoule vers l'évaporateur, où il va s'évaporer en produisant du froid.

Pendant que l'adsorbeur n°1 est chauffé, l'adsorbeur n°2 est refroidi à l'aide du réservoir d'eau froide. Ainsi la température et la pression à l'intérieur de cet adsorbeur diminuent, et lorsque la pression atteint celle qui règne dans l'évaporateur, l'adsorbeur n°2 est mis à son tour en contact avec l'évaporateur et le réfrigérant s'évapore dans l'évaporateur produisant ainsi l'effet frigorifique.

3. Modélisation du fonctionnement du cycle de la machine

Les équations de transfert de chaleur et de masse dans le réacteur, développées dans le chapitre précédent restent valables pour la présente modélisation, auxquelles nous allons associer les équations de bilan d'énergie relatives au concentrateur solaire cylindro-parabolique et au réservoir d'eau permettant le stockage de chaleur.

3.1. Hypothèses du modèle

En plus des hypothèses énoncées pour le système à cycle intermittent, décrit au chapitre précédent, nous formulons des hypothèses supplémentaires pour la modélisation du nouveau système à cycle continu :

- la température du fluide caloporteur s'écoulant à travers le tube métallique de chaque adsorbeur est uniforme ;
- les caractéristiques thermo-physiques et géométriques des deux adsorbeurs sont identiques.

3.2. Équations du modèle

3.2.1. Concentrateur solaire

Le rendement thermique d'un collecteur solaire cylindro-parabolique est défini comme le rapport de l'énergie utile produite, pendant une période donnée, et l'énergie de l'irradiation solaire directe incidente sur l'ouverture du concentrateur au cours de la même période. Dans les conditions d'un fonctionnement en régime permanent, ce rendement peut être calculé à l'aide de l'équation de Hottel-Whillier-Bliss [111] :

$$\eta = F_R \eta_o - \frac{F_R h_L}{C_c} \frac{\left(T_{en} - T_{amb}\right)}{I} \tag{4.1}$$

où h_L est le coefficient de pertes de chaleur du capteur solaire, T_{en} est la température du liquide (eau) à l'entrée du concentrateur, T_{amb} est la température ambiante et η_o est le rendement optique.

Le rapport de concentration (C_c) définissant les caractéristiques du concentrateur solaire, est défini comme le rapport entre la surface d'ouverture du concentrateur (A_c) et la surface du récepteur (A_r).

$$C_c = \frac{A_c}{A_r} = \frac{W}{\pi d_o} \tag{4.2}$$

F_R est le facteur de dissipation de chaleur du concentrateur. Il peut être défini comme étant le rapport entre la chaleur recueillie par l'eau à la sortie du tube absorbeur et celle qu'on aurait recueillie si l'absorbeur du capteur était à une température uniforme égale à celle du liquide entrant au concentrateur. Sa valeur dépend des caractéristiques du capteur solaire et des conditions de fonctionnement, telles que le type du fluide et le débit de ce fluide caloporteur s'écoulant à travers le capteur. Ce facteur est introduit pour tenir compte de la différence de température entre la surface du récepteur et le fluide de fonctionnement s'écoulant dans ce récepteur, il s'écrit sous la forme :

$$F_R = \frac{\dot{m}_f C_f}{A_r h_L}\left[1 - \exp\left(-A_r h_L F' / \dot{m}_f C_f\right)\right] \tag{4.3}$$

F' est le facteur d'efficacité du concentrateur ; c'est la proportion d'énergie calorifique absorbée par le tube récepteur et effectivement transmise au fluide caloporteur. Il est donné par :

$$F' = \frac{1/h_L}{\dfrac{1}{h_L} + \dfrac{d_o}{h_{f,r}d_i} + \dfrac{d_o}{2\lambda_r}\ln\dfrac{d_o}{d_i}} \tag{4.4}$$

D'autre part, le rendement instantané du concentrateur peut aussi être exprimé, en fonction du gain de température acquis dans ce concentrateur, par l'expression suivante :

$$\eta = \frac{\dot{m}_f C_f \left(T_{so} - T_{en}\right)}{I\,W\,l_c} \tag{4.5}$$

avec T_{so} est la température du fluide à la sortie du capteur. À partir des équations (4.1) et (4.5), on peut calculer, à chaque instant, T_{so} en fonction de T_{en}.

3.2.2. Réservoir de stockage

La température du réservoir est déterminée en écrivant l'équation de conservation d'énergie pour le réservoir :

$$\left(M_{st}C_f + M_{met}C_{met}\right)\frac{dT_{st}}{dt} = \dot{m}_f C_f \left(T_{so} - T_{en}\right) + \left(\left(hA\right)_{st}\left(T_{amb} - T_{st}\right)\right) \tag{4.6}$$

où C_f, M_{st} et T_{st} sont, respectivement, la chaleur spécifique, la masse et la température de l'eau dans le réservoir du stockage de chaleur.

C_{met} et M_{met} représentent, respectivement, la chaleur spécifique et la masse du métal du réservoir. $(hA)_{st}$ est le terme de pertes thermiques du réservoir de stockage.

Nous pouvons aussi déterminer la quantité de chaleur, $Q_{st,}$ qui pourrait être stockée dans le réservoir pendant le jour, à partir de l'instant de début du chauffage (lever du soleil) jusqu'à l'instant où l'eau du réservoir atteint sa température maximale. Elle s'écrit comme suit :

$$Q_{st} = M_{st} C_f \left(T_{st,\max} - T_{st,i} \right) \tag{4.7}$$

où $T_{st,i}$ est la température initiale et $T_{st,max}$ est celle maximale que peut atteindre l'eau chaude dans le réservoir.

3.2.3. Conditions initiales et aux limites

3.2.3.1. Conditions initiales :

- Pour l'adsorbeur 1

$T_1 \left(t = 0 \right) = T_{ads} = T_{\min}$

$P_1 \left(t = 0 \right) = P_{ev} = P_{sat} \left(T_{ev} \right)$

- Pour l'adsorbeur 2

$T_2 \left(t = 0 \right) = T_{g2} = T_{\max}$

$P_2 \left(t = 0 \right) = P_{con} = P_{sat} \left(T_{con} \right)$

3.2.3.2. Conditions aux limites

- Pression

$P(t) = P_{ev}$: lorsque l'adsorbeur est connecté à l'évaporateur.

$P(t) = P_{con}$: lorsque l'adsorbeur est connecté au condenseur.

- Température

$$r = R_1 \qquad -\lambda_e \left(\frac{\partial T}{\partial r} \right)_{r=R_1} = h_{gl} \left(T_{cal} - T \right) \tag{4.8}$$

$$r = R_2 \qquad \left(\frac{\partial T}{\partial r} \right)_{r=R_2} = 0 \qquad \qquad (4.9)$$

h_{gl} est le coefficient de transfert de chaleur global entre le fluide caloporteur et le lit adsorbant. La résistance thermique correspondante, R_{gl}, est donnée par :

$$R_{gl} = 1/2\pi l_r \left[\frac{\ln(D_1/D_i)}{\lambda_{met}} + \frac{1}{h_i \frac{D_i}{2}} + \frac{1}{h_e \frac{D_1}{2}} \right] \qquad (4.10)$$

Le coefficient de transfert de chaleur entre le fluide caloporteur et le tube métallique, h_i, est calculé à l'aide de la corrélation de Dittus–Boelter pour des tubes lisses [112] :

$$Nu = 0,023 \, Re^{0,8} \, Pr^n \qquad \qquad (4.11)$$

où n est une constante qui vaut 0,3 pour les processus de chauffage, tandis qu'elle est égale à 0,4 pour les processus de refroidissement. Nu, Re et Pr représentent, respectivement, les nombres de Nusselt, de Reynolds et de Prandtl.

Le nombre de Nusselt est donné par :

$$Nu = h_i D_i / \lambda_{cal} \qquad \qquad (4.12)$$

λ_{cal} étant la conductivité thermique du fluide caloporteur.

4. Résultats et discussion

Les équations de transfert de chaleur dans l'adsorbeur n°1 et n°2 sont similaires à celles explicitées dans le chapitre précédent ; la discrétisation de ces équations aux dérivées partielles non linéaires est basée sur la méthode des différences finies implicites.

L'équation (4.6) est résolue à l'aide de la méthode implicite d'Euler. Les propriétés thermophysiques du couple charbon actif/ammoniac et les données climatiques utilisées dans cette simulation sont les mêmes que celles adoptées pour le système étudié au chapitre précédent. Les paramètres géométriques et de fonctionnement du système sont regroupés au tableau 4.1.

Symbole	Paramètre	Valeur	Unité
Composantes du concentrateur			
C_c	rapport de concentration	17	–
C_{met}	chaleur spécifique du métal	0,46	kJ kg^{-1} K^{-1}
C_f	chaleur spécifique de l'eau	4,196	kJ kg^{-1} K^{-1}
d_o	diamètre extérieur du tube récepteur	0,015	m
e	épaisseur du réservoir	0,003	m
F_R	facteur de dissipation de chaleur du concentrateur	0,90	–
l_c	longueur du concentrateur	1,00	m
h_L	coefficient global de pertes de chaleur du récepteur	8,00	W m^{-2} K^{-1}
W	largeur d'ouverture du concentrateur	0,80	m
η_o	rendement optique	0,70	–
ρ_{met}	masse volumique du métal	7850	kg m^{-3}
ρ_f	masse volumique de l'eau	974,10	kg m^{-3}
Caractéristiques géométriques de l'adsorbeur			
D_l	diamètre intérieur du lit adsorbant	0,04	m
l_r	longueur du réacteur	0,50	m
s	épaisseur du tube métallique de transfert de chaleur	0,002	m
Conditions de fonctionnement			
$\dot{m}_f$	débit massique de l'eau dans la tuyauterie du capteur (lorsqu'il est constant)	0,01	kg s^{-1}
T_{ads}	température d'adsorption	297,15	K
T_{con}	température de condensation	303,15	K
T_{ev}	température d'évaporation	273,15	K
v_{cal}	vitesse du fluide caloporteur	0,10	m s^{-1}

Tableau 4.1 : Principaux paramètres adoptés dans la simulation du système continu.

Nous avons développé un programme de calcul écrit en Fortran, qui nous a permis d'étudier la sensibilité des performances du système frigorifique à adsorption à quelques paramètres importants, tels que le débit massique du fluide s'écoulant à travers le concentrateur, le volume du réservoir de stockage de chaleur, la température du fluide caloporteur chauffant l'adsorbeur ainsi que l'épaisseur radiale de l'adsorbeur. Nous avons ensuite déterminé les paramètres qui optimisent le coefficient de performance de la machine, ce qui nous a permis de déterminer la configuration optimale du système. Ces résultats ont fait l'objet d'un article que nous avons publié [113].

4.1. Étude d'optimisation du réservoir de stockage de chaleur

Pendant les périodes nuageuses ou pendant la nuit, il faut avoir un moyen de stockage de la chaleur capable de satisfaire la demande dans ces conditions où la radiation solaire est insuffisante. Le stockage de chaleur permet d'élargir le temps d'exploitation mais aussi il permet un bon contrôle du système. C'est pour ces raisons que nous avons consacré une étude d'optimisation du réservoir de stockage de chaleur. En effet, le concentrateur solaire cylindro-parabolique concentre le rayonnement solaire sur le tube récepteur, placé à la ligne focale du concentrateur, et convertit ce rayonnement en chaleur qui est reçue par le fluide caloporteur (l'eau dans notre cas). Le fluide caloporteur transporte la chaleur vers le réservoir de stockage où elle est stockée.

Sur la figure 4.2, nous avons représenté la variation de la température moyenne à l'intérieur du réservoir de stockage d'eau (T_{st}), pour différents volumes du réservoir (V_{st}) et pour un débit du fluide caloporteur provenant du concentrateur de l'ordre de 0,01 kg/s. L'analyse de cette figure montre que T_{st} augmente lorsque V_{st} diminue.

Cette étude montre bien que, pour des valeurs du volume du réservoir de stockage comprises entre 10 l et 15 l, le système solaire proposé pourrait assurer le chauffage des adsorbeurs pendant une longue durée d'une journée ensoleillée et par conséquent il peut produire une grande quantité de froid.

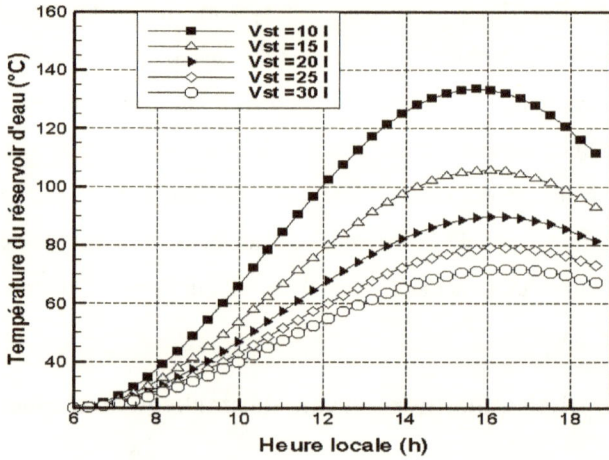

Figure 4.2 : Variation de la température à l'intérieur du réservoir de stockage d'eau chaude en fonction du volume du réservoir ($\dot{m}_f = 0,01$ kg/s).

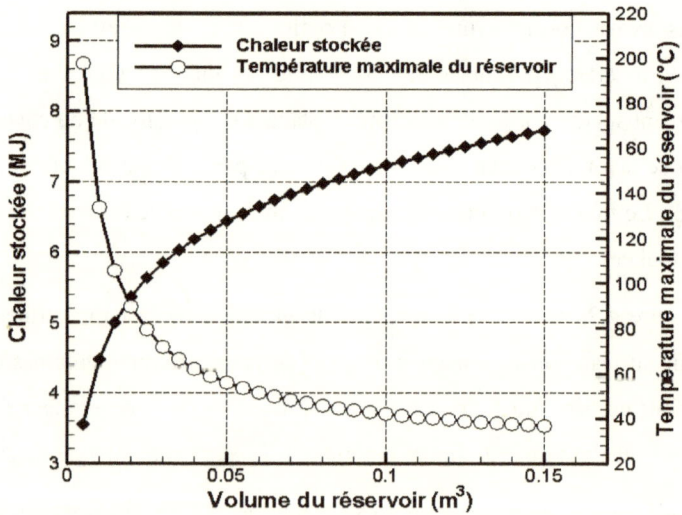

Figure 4.3 : Variation de la température maximale et de la chaleur stockée dans le réservoir en fonction du volume du réservoir.

Sur la figure 4.3, nous représentons l'évolution de la température maximale atteinte dans le réservoir ainsi que la chaleur stockée dans le même réservoir (Q_{st}), en fonction du volume du réservoir de stockage (V_{st}), pour un débit du fluide caloporteur (eau provenant du concentrateur) de l'ordre de 0,01 kg/s. L'analyse de cette figure montre que lorsque le volume du réservoir de stockage augmente, la température maximale du réservoir de stockage diminue et la chaleur stockée dans le réservoir augmente. Nous pouvons observer également que le volume optimal pour ce réservoir de stockage se trouve dans la gamme entre 0,01 et 0,02 m^3.

La figure 4.4 représente la variation de la température du fluide caloporteur (eau), à la sortie du concentrateur solaire cylindro-parabolique, en fonction de différents débits massiques de l'eau. Nous remarquons que la température de l'eau à la sortie du concentrateur solaire diminue quand le débit augmente. L'influence du débit massique est plus marquée pour des valeurs plus faibles (moins de 0,005 kg/s).

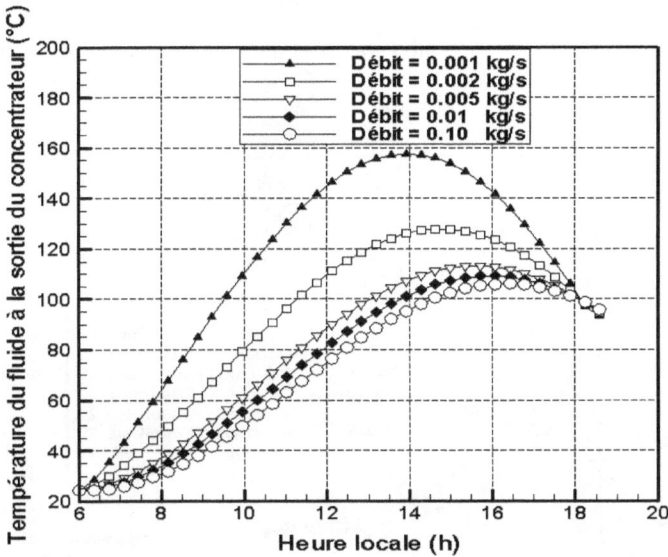

Figure 4.4 : Influence du débit massique du fluide caloporteur sur la température du fluide caloporteur à la sortie du concentrateur (pour V_{st} = 0,015 m^3).

4.2. Modélisation du cycle de la machine frigorifique à adsorption

La température du réservoir de stockage de chaleur varie pendant le jour en raison des fluctuations des conditions climatiques. Cependant, elle peut être contrôlée au moyen d'un thermostat différentiel, qui détecte la différence de température entre le réservoir de stockage de chaleur et l'eau à la sortie du capteur. La pompe est mise en marche chaque fois que cette différence excède une certaine valeur choisie, alors qu'elle cesse de fonctionner dans le cas contraire.

Nous avons représenté l'évolution des profils de la température, la pression et la masse adsorbée dans l'adsorbeur au cours d'un cycle de fonctionnement du système, pour une température de l'eau de chauffage de l'adsorbeur égale à 100 °C et pour une température de l'eau de refroidissement égale à 32 °C.

La figure 4.5 montre l'évolution de la température des deux adsorbeurs en fonction du temps. Nous constatons l'existence d'un gradient de température le long de la distribution radiale du milieu poreux entre les différents points de l'adsorbant avant qu'un équilibre thermique ne s'établisse, au bout d'un temps de 30 min environ.

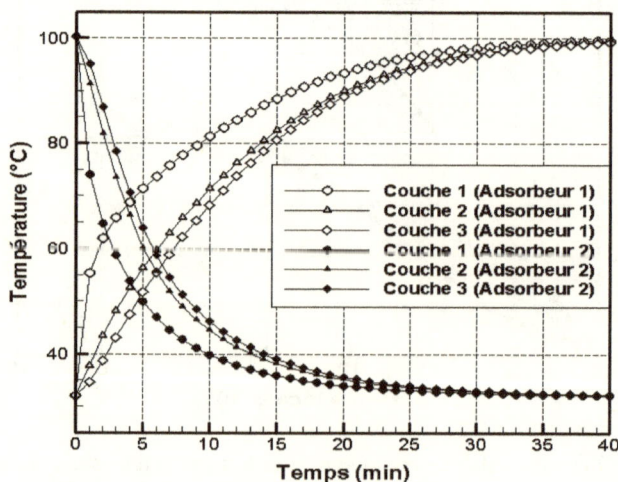

Figure 4.5 : Variation de la température des deux adsorbeurs avec le temps ; couche n°1 : r = 20,2 mm ; couche n° 2 : r = 29,8 mm ; couche n° 3 : r = 39,8 mm.

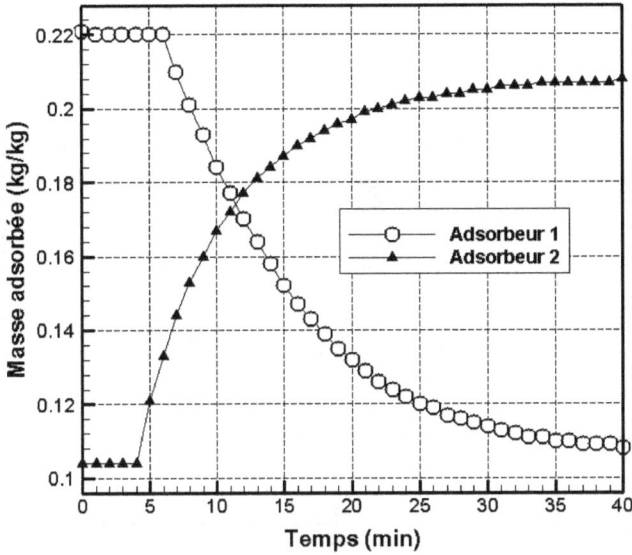

Figure 4.6 : Variation de la masse adsorbée durant les phases du chauffage de l'adsorbeur 1 et du refroidissement de l'adsorbeur 2 (R_2=40 mm ; T_c = 100 °C).

Sur la figure 4.6, est représentée la variation de la masse adsorbée de l'ammoniac sur les deux adsorbants en fonction du temps, durant les phases de chauffage isostérique-désorption pour l'adsorbeur n°1, et durant les phases de refroidissement isostérique-adsorption pour l'adsorbeur n°2.

La figure 4.7 montre le diagramme de Dühring du cycle de réfrigération à adsorption simulé. Dans cette figure, la température désigne la valeur moyenne estimée à partir de celles de toutes les tranches du lit adsorbant. Ce cycle entier inclut les processus de préchauffage (1–2), de désorption (2–3), de pré-refroidissement (3–4) et d'adsorption (4–1).

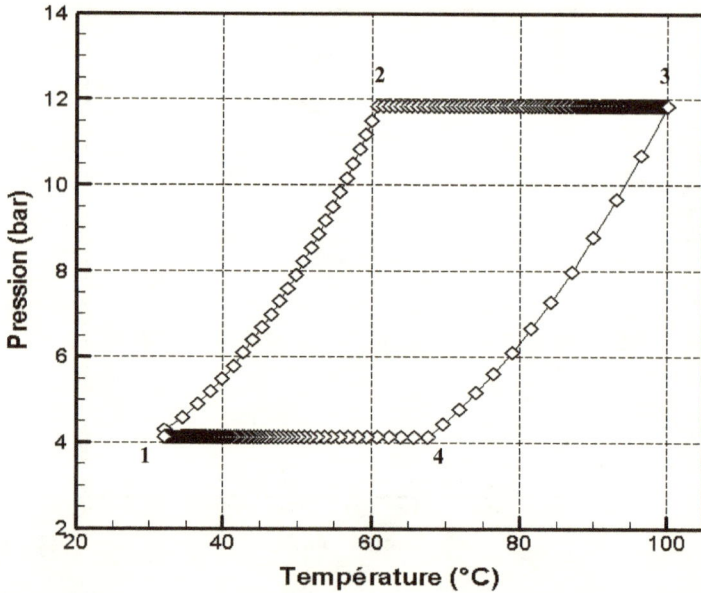

Figure 4.7 : Diagramme de Dühring du cycle de réfrigération à adsorption (R_2 = 40 mm ; T_c = 100 °C).

4.3. Dimensionnement optimal de l'adsorbeur

Nous avons réalisé une étude d'optimisation des dimensions optimales de l'adsorbeur pour une géométrie cylindrique. Pour ce faire, nous avons étudié la sensibilité du coefficient de performance de la machine à l'épaisseur radiale (R_2-R_1) du milieu poreux, définie comme étant la différence entre le rayon externe (R_2) de l'adsorbeur et le rayon interne du tube de chauffage de l'adsorbeur (R_1), pour une température du tube de chauffage égale à 100°C.

Sur la figure 4.8, nous représentons l'évolution du coefficient de performance thermique (COP_{cycle}) et la puissance frigorifique spécifique (PFS) du système étudié, en fonction de l'épaisseur radiale. L'analyse de cette figure, montre que l'épaisseur radiale du lit adsorbant n'influe que très légèrement sur le COP_{cycle}. En effet, lorsque cette épaisseur augmente, ceci entraine :

- d'une part, une augmentation de la masse cyclée d'ammoniac dans la machine et par conséquent de la quantité de froid produite, ce qui a pour effet d'augmenter le coefficient de performance de la machine.

- d'autre part, une augmentation des chaleurs sensibles de chauffage de l'adsorbant, de l'adsorbat, du gaz, de la partie métallique, et aussi de la chaleur de désorption, ceci a pour effet de diminuer le coefficient de performance de la machine.

Si aucun effet ne l'emporte sur l'autre, il y a une compensation des deux effets et une stabilité du coefficient de performance thermique, C'est effectivement ce que nous observons sur la figure 4.8.

Sur la même figure, nous remarquons que la puissance frigorifique spécifique (PFS) du système d'adsorption décroit rapidement en fonction de l'épaisseur radiale du milieu poreux.

Il est évident que, les valeurs plus grandes que 40 mm n'apportent aucune amélioration du COP_S.

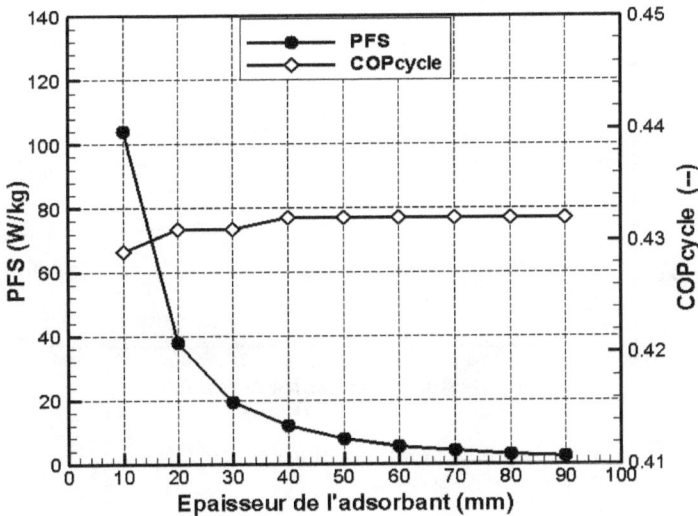

Figure 4.8 : Influence de l'épaisseur radiale de l'adsorbant sur la puissance frigorifique spécifique (PFS) et sur le coefficient de performance du cycle (T_c=100 °C).

Sur la figure 4.9, nous représentons l'évolution de la production frigorifique (définie comme étant la quantité de froid produite dans l'évaporateur pendant un jour) et du coefficient de performance solaire (COPs) en fonction de l'épaisseur du lit adsorbant. Nous remarquons que pour une irradiation solaire directe quotidienne de 14 MJ par 0,8 m^2 de surface du concentrateur (17,5 MJ/m^2), le COPs et la production frigorifique diminuent respectivement de 0,18 à 0,082 et de 2515 à 1152 kJ par jour et par 0,8 m^2 de surface de captation, pour une épaisseur du lit variant de 10 à 90 mm. Ceci peut être expliqué par le fait qu'avec des valeurs d'épaisseur du lit plus grandes, le temps du cycle devient relativement plus grand et par conséquent le nombre de cycles pouvant être réalisés est réduit. Comme résultat, nous obtenons une diminution de la production frigorifique et du COPs.

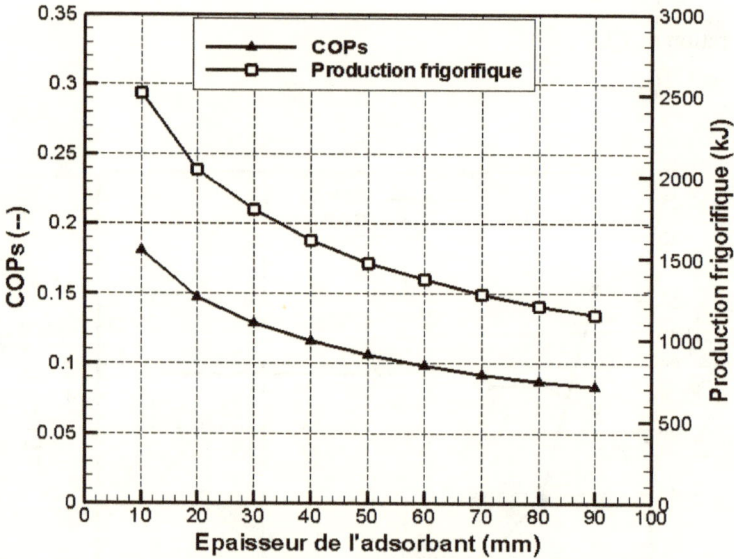

Figure 4.9 : Variation de la production frigorifique et du COP$_s$ avec l'épaisseur du lit adsorbant (T$_c$ = 100 °C).

4.4. Effet de la température du fluide caloporteur sur les performances de la machine

Nous avons également étudié l'influence de la température (T_c) du fluide caloporteur, s'écoulant dans le tube chauffant l'adsorbeur cylindrique, sur les performances du système de réfrigération étudié. Pour une épaisseur radiale du lit adsorbant de l'ordre de 20 mm, nous avons représenté sur la figure 4.10 l'influence de la température de chauffage (T_c) sur le coefficient de performance (COP_{cycle}) et sur la puissance frigorifique spécifique (PFS) du système. Nous remarquons que le COP_{cycle} et la PFS augmentent avec T_c. En effet, lorsque T_c augmente, alors la quantité de masse du réfrigérant cyclée augmente. Cependant, au-delà d'une certaine valeur de T_c (110 °C), le COP_{cycle} reste quasiment stable, car à partir de cette valeur seuil, la quasi-totalité du réfrigérant est désorbée et au-delà de cette valeur, l'énergie absorbée par l'adsorbeur, entraîne uniquement une augmentation des chaleurs sensibles de chauffage de l'adsorbant, de l'adsorbat, du gaz et de la partie métallique.

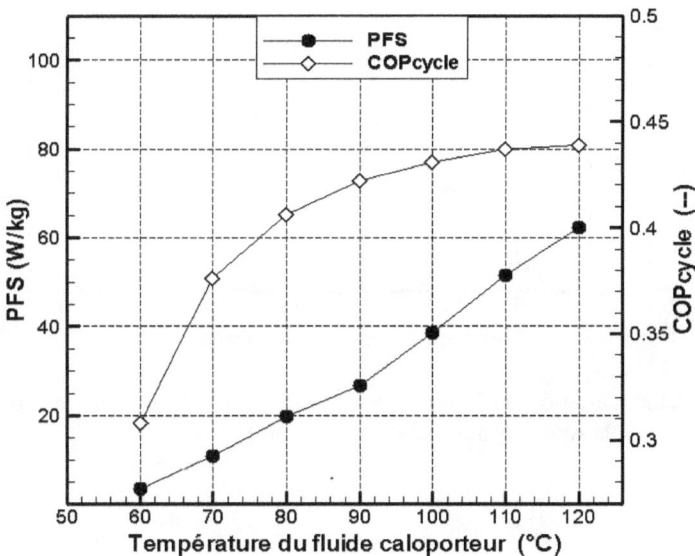

Figure 4.10 : Influence de la température du fluide caloporteur sur la PFS et sur le coefficient de performance du cycle ($R_2 - R_1$= 20 mm).

120

Enfin, nous portons sur la figure 4.11 les variations de la production frigorifique et le coefficient de performance solaire en fonction de la température de chauffage. Nous remarquons que le COPs et la production frigorifique augmentent, respectivement, de 0,025 à 0,22 et de 356 à 3030 kJ par jour et par 0,8 m² de surface du concentrateur.

Lorsque la température de la source chaude augmente de 60 à 120 °C, ceci entraine une augmentation de la quantité du réfrigérant cyclée et réduit le temps des cycles, ce qui augmente bien évidemment le nombre de cycles pouvant être accomplis. Par conséquent, nous observons une augmentation de la production frigorifique et du COPs.

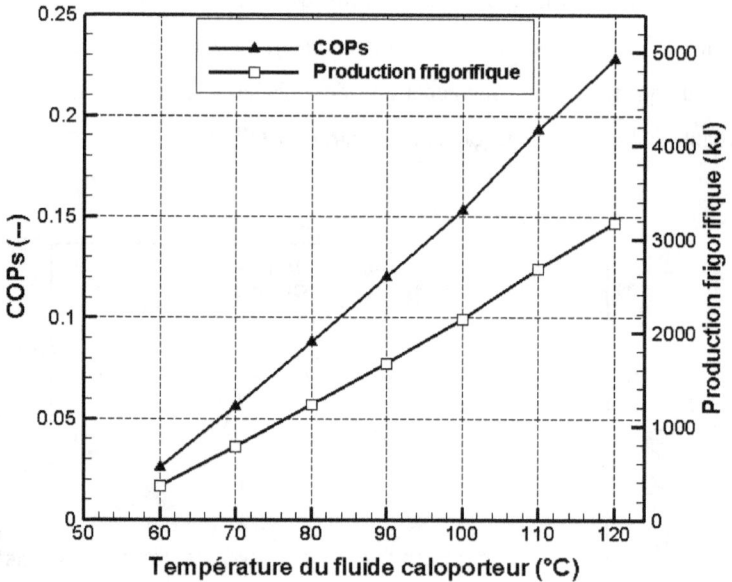

Figure 4.11. Variation de la production frigorifique et du COPs en fonction de la température de la source chaude ($R_2 - R_1 = 20$ mm).

5. Conclusion

Dans ce chapitre, nous avons proposé l'étude d'un nouveau système frigorifique solaire à adsorption fonctionnant en cycle continu, chauffé à l'aide d'un fluide caloporteur circulant dans un absorbeur placé à la ligne focale d'un concentrateur solaire cylindro-parabolique. L'originalité de ce système consiste en l'incorporation de deux réservoirs de stockage, l'un d'eau chaude et l'autre d'eau froide, ce qui permet de faire fonctionner l'unité en continu, mieux gérer l'énergie de chauffage du système et aussi d'assurer un bon contrôle du procédé de production du froid.

Nous avons développé un modèle basé sur les équations de transferts et les bilans énergétiques dans les différentes parties du système. Nous avons mis au point un programme de calcul, écrit en Fortran, qui nous a permis de simuler le fonctionnement du cycle de la machine et de calculer ses performances. Nous avons mené une étude sur la sensibilité des performances de ce système à divers paramètres.

L'analyse des résultats obtenus nous a permis de tirer un certain nombre de conclusions :

1. La puissance frigorifique spécifique varie d'une manière plus significative que le coefficient de performance de la machine avec l'épaisseur radiale du lit adsorbant.

2. L'augmentation de la température du fluide de chauffage de l'adsorbeur entraine une augmentation de la puissance spécifique frigorifique et des coefficients de performance solaire et thermique.

3. Lors de l'étude d'optimisation, les résultats de simulation ont montré que les paramètres géométriques optimaux correspondant à des performances optimales de la machine sont définis comme suit :

- un volume de stockage de chaleur compris entre 0,010 et 0,020 m^3 ;
- de faibles épaisseurs radiales de l'adsorbeur ;
- une température de chauffage comprise entre 90 et 110 °c.

4. Le système proposé pourrait rendre possible la production de froid pendant une longue durée d'une journée ensoleillée et, par conséquent, pallier au caractère

intermittent des systèmes de réfrigération solaires à adsorption, ce qui constitue une solution efficace d'exploitation de l'énergie solaire pour la production du froid.

Conclusion générale

Le travail de recherche que nous avons présenté a pour objectif l'étude d'un nouveau système de conversion de l'énergie solaire en froid, dont le fonctionnement est basé sur le phénomène d'adsorption solide. La première originalité consiste à remplacer le capteur solaire plan classique par un concentrateur cylindro-parabolique couplé à un caloduc. La deuxième originalité consiste à intégrer une unité de stockage de chaleur afin de surmonter l'intermittence du cycle solaire, mais aussi de mieux gérer l'utilisation d'énergie et contrôler le processus de production du froid. La finalité étant d'améliorer les performances des machines frigorifiques solaires à adsorption.

Cet ouvrage est composé de quatre chapitres :

Dans le premier chapitre, nous avons présenté les diverses technologies de production de froid, une attention particulière a été donnée aux machines frigorifiques à adsorption et aux critères de choix et de sélection des couples adsorbant/adsorbat utilisés dans ces machines.

Dans le deuxième chapitre, nous avons exploré les différents systèmes de conversion de l'énergie solaire en froid. Nous y avons présenté un état de l'art sur les capteurs solaires plans et les capteurs solaires à concentration qui constituent les éléments de base des machines frigorifiques solaires à adsorption. Tous les capteurs solaires présentés sont évalués par rapport à la conversion de l'énergie solaire en froid.

Le troisième chapitre a été consacré à l'étude d'un nouveau système solaire de production de froid à cycle intermittent, utilisant un concentrateur solaire cylindro-parabolique couplé à un caloduc. A partir d'une recherche bibliographique, nous avons présenté auparavant le mode de fonctionnement des caloducs ainsi que les notions de base y afférentes.

Dans le quatrième chapitre, nous avons examiné un système solaire de production de froid utilisant un concentrateur solaire cylindro-parabolique couplé à un système de stockage de chaleur. Ce système fonctionne en cycle continu grâce à une combinaison de deux adsorbeurs identiques et deux réservoirs de stockage de l'eau chaude et froide, et un concentrateur cylindro–parabolique utilisé pour le chauffage de ces adsorbeurs.

Une analyse énergétique a été réalisée pour les deux systèmes, l'un à cycle intermittent sans stockage d'énergie thermique et l'autre à cycle continu avec stockage de chaleur. Cette analyse a été effectuée selon une approche simplifiée à l'aide de certaines hypothèses de modélisation. Cette approche consistait d'abord en une traduction mathématique de différents phénomènes physiques se manifestant dans le problème étudié. Et ce, en répertoriant tous les paramètres et équations représentant ces phénomènes, en particulier ceux de transfert de chaleur et de masse dans l'adsorbant solide (charbon actif), réagissant par adsorption avec l'adsorbat (ammoniac), et de transfert de chaleur dans les autres composantes des systèmes étudiés.

Les équations de transferts de chaleur et de masse dans l'adsorbeur que nous avons obtenues sont aux dérivées partielles non linéaires, nous avons choisi la méthode de différences finies implicites pour les discrétiser. Ensuite nous avons choisi la méthode de Gauss Seidel pour la résolution du système d'équations algébriques obtenu. Nous avons ensuite développé un programme de calcul, écrit en Fortran. Ce programme nous a permis de calculer la température, la pression et la masse adsorbée à l'intérieur de l'adsorbeur ainsi que les performances des deux systèmes.

Cette étude numérique nous a permis également de réaliser une étude paramétrique afin d'examiner l'influence de divers paramètres géométriques et de fonctionnement des systèmes étudiés sur leurs performances.

Une première analyse des résultats a mis en évidence que, de par leurs densités de flux de chaleur élevées, l'utilisation des caloducs dans les systèmes frigorifiques à adsorption permettent de pallier à l'inconvénient du faible transfert de chaleur et de masse dans les adsorbants. Les concentrateurs cylindro-paraboliques solaires, quant à eux, du fait qu'ils sont dotés d'une efficacité élevée, pourraient être des outils efficaces pour pallier à certains problèmes, tels que la faible performance et le caractère volumineux de ces systèmes.

Une deuxième analyse des résultats de simulation des deux systèmes a permis de relever les paramètres de fonctionnement et géométriques optimaux. Cette étude donne la possibilité de faire un pré-dimensionnement des deux systèmes sur la base des dimensions du concentrateur solaire cylindro-parabolique, des adsorbeurs et du réservoir de stockage thermique.

Le présent travail se situe dans le contexte d'exploitation d'un nouveau système frigorifique solaire à adsorption. Nous y avons mis au point les bases et les approches théoriques qui demandent à être développées et affinées afin de conforter les résultats obtenus.

Le présent travail est inachevé et contient, certainement, des restrictions liées soit à la simplification des équations des modèles ou bien à la formulation des hypothèses lors de l'évaluation de différents coefficients mis en jeu ; des imperfections qu'on souhaite atténuer à travers des études prochaines.

Enfin, quelques améliorations à apporter à cette recherche seraient donc de tester expérimentalement les performances de ces machines. À cet égard, Il serait très intéressant de parvenir à construire des prototypes, ceci ne pourrait que contribuer de manière efficace au développement de la technologie des machines frigorifiques solaires à adsorption solide.

Références bibliographiques

[1] Albritton D. L., Meira Filho L. G., Cubasch U., Dai X., Ding Y., Griggs D. J., Hewitson B., Houghton J. T., Isaksen I., Karl T., McFarland M., Meleshko V. P., Mitchell J. F. B., Noguer M., Nyenzi B. S., Oppenheimer M., Penner J. E., Pollonais S., Stocker T., Trenberth K. E., «Climate Change 2001: The Scientific Basis. Contributions of Working Group I to the Third Assessment Report of the Intergovernmental Panel on Climate Change», Cambridge University Press, ISBN:0-521-01495-6, 2001.

[2] M. Pons, F. Meunier, G. Cacciola, R.E. Critoph, M. Groll, L. Puigjaner, B. Spinner, F. Ziegler, «Thermodynamic based comparison of sorption systems for cooling and heat pumping», Int. Journal of Refrigeration, 22 (1999) 5-17.

[3] D.S. Kim, C.A. Infante Ferreira, «Solar refrigeration options – a state-of-the-art review», Int. Journal of Refrigeration, 31 (2008) 3-15.

[4] www.refripro.eu/include/pdf.

[5] Pons M., «Le froid solaire à l'aube de l'an 2000 : utopie ou réalité? In: les Bains Yverdan, editor. Application de l'adsorption charbon actif-méthanol», 9ème Y-Symposium Froid. Association Suisse du Froid, 1998, p. 30-37.

[6] Balat M, Crozat G., «Conception et étude d'un prototype de pré-série de réfrigérateur solaire basé sur une réaction solide-gaz», Int. Journal of Refrigeration, 1988;11:308–14.

[7] J. Llobet, V. Goetz, «Production de froid par transformation thermochimique : expérimentation d'un nouveau système à double effet à contact», Int. Journal of Refrigeration, 23 (2000) 312–329.

[8] http://www.scribd.com/doc/62510466/2/modes-de-production-du-froid-et-applications.

[9] J. Fripiat, J. Chaussidon, A. Jelli, «Chimie-Physique des phénomènes de surface : Application aux oxydes et aux silicates», Masson and Cie, Paris (1971).

[10] A. Slasli, «Modélisation de l'adsorption par les charbons microporeux : Approches théorique et expérimentale», Thèse de doctorat, Université de Neuchâtel (2002).

[11] Laure MELJAC, «Étude d'un procédé d'imprégnation de fibres de carbone activées-Modélisation des interactions entre ces fibres et le sulfure d'hydrogène», Thèse de doctorat, École Nationale Supérieure des Mines de Saint Etienne et de l'Université Jean Monnet (2004).

[12] www.inp-toulouse.fr/tice/pdf/00Extrait_adsorption_sechage.pdf.

[13] Yu.A. Çengel, M.A. Boles, «Thermodynamics: An Engineering Approach», fourth ed., McGray-Hill Inc., 2002.

[14] A. Mimet, «Étude Théorique et expérimentale d'une Machine Frigorifique à Adsorption d'Ammoniac sur Charbon Actif», Thèse de Doctorat, Faculté Polytechnique de Mons (Belgique), 1991.

[15] A. Mahamane, «Étude de l'adsorption de vapeurs purs sur solides poreux», Thèse de Doctorat, FPMs, Mons (Belgique), 1989.

[16] F. Edeline, «L'épuration physico-chimique des eaux», Cebedoc editor, Lavoisier Tec & Doc. (1992).

[17] S. Madrau, «Caractérisation des adsorbants pour la purification de l'hydrogène par adsorption modulée en pression», Thèse de doctorat, Institut National Polytechnique de Lorraine, 1999.

[18] F. Rouquerol, J. Rouquerol and K. Sing, «Adsorption by Powders and Porous Solids: Principles, Methodology and Application», Academic Press (1999).

[19] Salah KNANI, «Contribution à l'étude de la gustation des molécules sucrées à travers un processus d'adsorption. Modélisation par la physique statistique», Thèse de doctorat, Université de Monastir/Faculté Des Sciences de Monastir & Université de Reims Champagne Ardenne (2007).

[20] S. Brunauer, P. H. Emett and E. Teller, «Adsorption of Gases in Multimolecular Layers», Contribution from the Bureau of Chemistry and Soils and George Washington University, p 309-319 (1938).

[21] M. Polanyi, Verh. Deutsch. Phys. Ges. 16 (1914) 1012.

[22] M. Polanyi, Verh. Deutsch. Phys. Ges. 18 (1916) 55.

[23] A. Dabrowski, «Adsorption —from theory to practice», Advances in Colloid and Interface Science, 93 (2001) 135–224.

[24] K. Sumathy, K.H. Yeung, Li Yong, «Technology development in the solar adsorption refrigeration systems», Progress in Energy and Combustion Science 29 (2003) 301–327.

[25] A. Al Mers, «Étude du transfert de chaleur et de masse dans un lit fixe de charbon actif réagissant par adsorption avec l'ammoniac», Thèse de Doctorat, Faculté des sciences de Tétouan (Maroc), 2002.

[26] G. M. Zhong, Ph. Grenier et F. Meunier, «Influence des transferts inter granulaires sur la détermination gravimétrique de la cinétique d'adsorption», The Chemical Engineering Journal, 53, pp. 147-150 (1993).

[27] Flood, E. A., «The Solid-Gas Interface», Marcel Dekker INC, New-Yok, 1967.

[28] Pacault, A., «Les carbones», Masson et Cie, Paris; 1965.

[29] SUN L.M., MEUNIER F., «Adsorption : aspects théoriques», J 2 730 Techniques de l'ingénieur, 2003, pp 1-20.

[30] A. Errougani, «Fabrication et expérimentation d'un réfrigérateur solaire à adsorption utilisant le couple charbon actif/méthanol dans le site de Rabat», Thèse de doctorat, Faculté des sciences de Rabat (2007).

[31] Bansal, R. C., Donnet, J.-B. & Stoeckli, F., «Active Carbon», Marcel Dekker, New-Yok (1988).

[32] Stoeckli F., «Microporous carbons and their characterization. The present state of the art», Carbon 1990 ; 28:1–6.

[33] Plank R, Kuprianoff J., «Die Kleinkaltemaschine». Berlin: Springer; 1960.

[34] S.G. Wang, R.Z. Wang, X.R. Li, «Research and development of consolidated adsorbent for adsorption systems», Renewable Energy 30 (2005) 1425–1441.

[35] Miller EB. «The development of silica gel refrigeration», Refrigeration Engineering 1929;17(4):103–8.

[36] Tchernev DI., «Solar energy application of natural zeolites». In: Sand LB, Mumpton FA, editors. Natural zeolite: occurrence, properties and use. Oxford: Pergamon Press; 1978. p. 479–85.

[37] Meunier F, Mischler B., «Solar cooling through cycles using microporous solid adsorbents», In: Boer KW, Glemn BH, editors. Sun II: proceedings of the international solar energy society, vol. 1. Oxford: Pergamon Press; 1979. p. 676–80.

[38] Guilleminot JJ, Meunier F, Mischler B., «Etude de cycles intermittents à adsorption solide pour la réfrigération solaire», Revue de Physique Appliquée 1980;15(3):441–52.

[39] Worsoe-Schmidt P., «Computer simulation of the solid-absorption process». Progress in refrigeration science and technology, Proceedings of the 15th international congress of refrigeration, vol. 2; 1980. p. 841–7.

[40] Ron M., «A hydrogen heat pump as a bus air conditioner», J Less-Common Metals 1984;104(2):259–78.3.

[41] W. Maake-H.–J.Eckert–Jeans–Louis Cauchepin, «Manuel technique du froid», PYC Editions, tome 1 (1993).

[42] E.E. Anyanwu, «Review of solid adsorption solar refrigeration II: An overview of the principles and theory», Energy Conversion and Management 45 (2004) 1279–1295.

[43] Lemmini F., «Contribution à l'étude de la réfrigération solaire par adsorption : simulation numérique du stockage de froid sur une année», Thèse : Faculté des sciences de Rabat, 1990.

[44] Soteris A. Kalogirou, «Solar thermal collectors and applications», Progress in Energy and Combustion Science 30 (2004) 231–295.

[45] S. Parra, «coupling of photocatalytic and biological processes as a contribution to the detoxification of water: catalytic and technological aspects», Thèse de doctorat, École Polytechnique Fédérale de Lausanne (2001).

[46] www.ecosources.info/dossiers/Centrale_solaire_thermique_capteurs_cylindro-paraboliques -

[47] Kalogirou S., «Solar energy utilisation using parabolic trough collectors in Cyprus». MPhil Thesis, The Polytechnic of Wales; 1991.

[48] Hession PJ, Bonwick WJ., «Experience with a Sun tracker system», Solar Energy 1984;32:311.

[49] Zogbi R, Laplaze D., «Design and construction of a Sun tracker», Solar Energy 1984;33:369–72.

[50] Mori Y, Hijikata K, Himero N., «Fundamental research on heat transfer performances of solar focusing and tracking collector», Solar Energy 1977;19:595–600.

[51] Boultinghouse KD., «Development of a solar flux tracker for parabolic trough collectors», Albuquerque, USA: Sandia National Labs; 1982.

[52] Briggs F., «Tracking-refinement modelling for solar-collector control», Albuquerque, USA: Sandia National Labs; 1980.

[53] Nuwayhid RY, Mrad I, Abu-Said R., «The realisation of a simple solar tracking concentrator for university research applications», Renewable Energy 2001;24:207–22.

[54] www.outilssolaires.com/pv/prin-centraleC.htm.

[55] Tchernev, D. I., Proc XIV Intersociety Energy Conversion Engineering Conferences (1975) 2070-2073.

[56] Meunier, F., Cahier AFEDES No. 5, Éditions Européennes Thermiques et Industrie, Paris (1978).

[57] Wang RZ, Li M, Xu YX, Wu JY., «An energy efficient hybrid system of solar powered water heater and adsorption icemaker», Solar Energy 2000;68(2):189–95.

[58] Guilleminot JJ, Meunier F., «Étude expérimentale d'une glacière solaire utilisant le cycle zéolithe 13X+eau», Revue Générale de Thermique, 1981;239:825–34.

[59] Pons M, Guilleminot JJ., «Design of an experimental solar powered, solid-adsorption ice maker», J. Solar Energy —Trans ASME 1986;108(4):332–7.

[60] Li M, Wang RZ, Xu YX, Wu JY, Dieng AO., «Experimental study on dynamic performance analysis of a flat-plate solar solid-adsorption refrigeration for ice maker», Renewable Energy 2002;27(2):211–21.

[61] Li M, Sun CJ, Wang RZ, Ca WD., «Development of no valve solar ice maker», Applied Thermal Engineering 2004;24:865–72.

[62] Hu EJ., «A study of thermal decomposition of methanol in solar powered adsorption refrigeration systems», Solar Energy 1998;62(5):325–9.

[63] Buchter F, Dind P, Pons M., «An experimental solar powered adsorptive refrigerator tested in Burkina-Faso», Int. Journal of Refrigeration, 2003;26(1):79–86.

[64] Boubakri A, Arsalane M, Yous B, Ali-Moussa L, Pons M, Meunier F., «Experimental study of adsorptive solar powered ice makers in Agadir (Morocco)-1. Performance in actual site», Renewable Energy 1992;2(1):7–13.

[65] Boubakri A, Arsalane M, Yous B, Ali-Moussa L, Pons M, Meunier F., «Experimental study of adsorptive solar powered ice makers in Agadir (Morocco)-2. Influences of meteorological parameters», Renewable Energy 1992;2(1): 15–21.

[66] R.Z. Wang, R.G. Oliveira, «Adsorption refrigeration-An efficient way to make good use of waste heat and solar energy», Progress in Energy and Combustion Science 2006; 32:424-58.

[67] P.H. Grenier, J.J. Guilleminot, F. Meunier, et al., «Solar powered solid adsorption cold store», ASME J Solar Energy Engineering 110 (1998) 192–197.

[68] Wang RZ., «Adsorption refrigeration research in Shanghai Jiao Tong University». Renewable and Sustainable Energy Reviews, 2000;5:1–37.

[69] Lu YZ, Wang RZ, Zhang M, Jiangzhou S., «Adsorption cold storage system with zeolite–water working pair used for locomotive air conditioning», Energy Conversion and Management 2003;44:1733–43.

[70] F. Lemmini, A. Errougani, «Building and experimentation of a solar powered adsorption refrigerator», Renewable Energy 30 (2005) 1989–2003.

[71] Manuel I. González, Luis R. Rodríguez, «Solar powered adsorption refrigerator with CPC collection system, Collector design and experimental test», Energy Conversion and Management 48 (2007) 2587–2594.

[72] X.J. Zhang, R.Z. Wang, «Design and performance simulation of new solar continuous solid adsorption refrigeration and heating hybrid system», Renewable Energy 27 (3) (2002) 401–415.

[73] X.J. Zhang, R.Z. Wang, «New combined adsorption ejector refrigeration and heating hybrid system powered by solar energy», Applied Thermal Engineering 22 (11) (2002) 1245–1258.

[74] O. Badran, M. Eck, «The application of parabolic trough technology under Jordanian climate», Renewable Energy 31 (2006) 791–802.

[75] Hank Price and Vahab Hassani, «Modular Trough Power Plant. Cycle and Systems Analysis». January 2002 • NREL/TP-550-31240.

[76] Bird, S.P., Drost, M.K., 1982. «Assessment of generic solar thermal concept for large industrial process heat applications». In: Proceedings of the ASME Solar Energy Division, Fourth Annual Conference, Albuquerque, NM.

[77] Kalogirou S., «Parabolic trough collector system for low temperature steam generation: design and performance characteristics», Applied Energy 1996;55(1):1–19.

[78] Eduardo Zarza, Loreto Valenzuela, Javier León, Klaus Hennecke, Markus Eck, H.-Dieter Weyers, Martin Eickhoff, «Direct steam generation in parabolic troughs: Final results and conclusions of the DISS project», Energy 29 (2004) 635–644.

[79] Soteris Kalogirou, «Use of parabolic trough solar energy collectors for sea-water desalination», Applied Energy 60 (1998) 65–88.

[80] Kalogirou S, Lloyd S., «Use of solar parabolic trough collectors for hot water production in Cyprus. A feasibility study», Renewable Energy 1992;2(2):117–24.

[81] A. Valan Arasu, T. Sornakumar., «Design, manufacture and testing of fiberglass reinforced parabola trough for parabolic trough solar collectors», Solar Energy 81 (2007) 1273–1279.

132

[82] Abu-Zour A, Riffat S, Gillott M., «New design of solar collector integrated into solar louvres for efficient heat transfer, Applied Thermal Engineering 26(16) (2006) 1876–82.

[83] A. Faghri, «Heat Pipe Science and Technology». Taylor & Francis, Washington, 1995.

[84] A. Makhankov, A. Anisimov, A. Arakelov, A. Gekov, N. Jablokov,V. Yuditskiy, I. Kirillov, V. Komarov, I. Mazul, A. Ogorodnikov, A. Popov, «Liquid metal heat pipes for fusion application»; Fusion Engineering and Design 42 (1998) 373–379.

[85] Gerner F.M., Longtin J.P., Henderson H.T., Hsieh W.M., Ramadas P., Chang W.S., «Flow and heat transfer limitations in micro heat pipes», Topics in Heat Transfer HTD-ASME 206 (3) (1992) 99-l04.

[86] M. Groll, M. Schneider, V. Sartre, M. C. Zaghdoudi, M. Lallemand, «Thermal control of electronic equipment by heat pipes», Revue Générale de Thermique (1998) 37, 323-352.

[87] J. J. Guilleminot, F. Meunier, F. and J. Pakleza, «Heat and mass transfer in non-isothermal fixed bed solid adsorbent reactor: a uniform pressure non-uniform temperature case», Int. J. Heat and Mass Transfer, Vol.30, No.8, pp. 1595-1606 (1987).

[88] A. Mimet, and J. Bougard, «Heat and Mass Transfer in Cylindrical porous Medium of activated Carbon and Ammonia», J.M.Crolet and M.E.Harti (eds.), Recent Advances in Problems of Flow and Transport in Porous Media, Kluwer Academic publisher, Dordrecht, pp. 153-163 (1998).

[89] Huang L, El-Genk MS., «Experimental investigation of transient operation of a water heat pipe. In: Proceedings of 10th symposium on space nuclear power and propulsion», Albuquerque, NM; 1993. p. 365–74.

[90] S.B. Riffat, Jie Zhu, «Mathematical model of indirect evaporative cooler using porous ceramic and heat pipe», Applied Thermal Engineering 24 (2004) 457–470.

[91] Bejan A., «Convection heat transfer». 2nd ed. New York: John Wiley & Sons; 1995. p. 323–24.

[92] Nafey S, Fath HS, El-Helaby SO, Soliman AM., «Solar desalination using humidification dehumidification processes. Part I. A numerical investigation», Energy Conversion and Management 2004;45:1243–61.

[93] Mullick SC, Nanda SK., «An improved technique computing the heat loss factor of a tubular absorber», J. Solar Energy 1989;42:1–7.

[94] Teng Y, Wang RZ, Wu JY., «Study of the fundamentals of adsorption systems», Applied Thermal Engineering 1997;17(4):327-38.

[95] Dubinin, M.M., Astakhov, V.A., «Development of the Concept of Volume Filling of Micropores in the Adsorption of Gases and Vapors by Microporous Adsorbents». American Chemical Society, Washington DC, USA, 1971.

[96] CHEMVIRON, «Granular activated carbon». Bruxelles, 1988.

[97] Institut International de froid, «Tables et diagrammes pour l'industrie du froid, propriétés thermodynamiques du R12, R22, R717». Paris: I.I.F.; 1981.

[98] A. El Fadar, A. Mimet, A. Azzabakh, M. Pérez-García, J. Castaing, «Study of a new solar adsorption refrigerator powered by a parabolic trough collector», Applied Thermal Engineering 29 (2009) 1267–1270.

[99] A. El Fadar, A. Mimet, M. Pérez-García, «Study of an adsorption refrigeration system powered by parabolic trough collector and coupled with a heat pipe», Renewable Energy 34 (2009) pp. 2271-2279.

[100] Aroudam H., «Evaluation du gisement solaire dans la région de Tétouan», thèse de 3ème cycle, Faculté des sciences de Tétouan, Morocco; 1992.

[101] Aroudam H, El Hammouti M, Ezbakhe H., «Determination of correlations of solar radiation measured in Tetouan», Renewable Energy 1992;2:473–6.

[102] Tchernev DI., «Solar energy application of natural zeolites. In: Sand LB, Mumpton FA, editors. Natural zeolite: occurrence, properties and use». Oxford: Pergamon Press; 1978. p. 479–85.

[103] Critoph RE., «An ammonia carbon solar refrigerator for vaccine cooling», Renewable Energy 1994;5:502–8.

[104] Sumathy K, Zhongfu L., «Experiments with solar-powered adsorption ice-maker», Renewable Energy 1999;16:704–7.

[105] Boubakri A, Guilleminot JJ, Meunier F., «Adsorptive solar powered ice maker: experiments and mode», Solar Energy 2000;69(3):249–63.

[106] Hildbrand C, Dind P, Pons M, Buchter F., «A new solar powered adsorption refrigerator with high performance», Solar Energy 2004;77(3):311–8.

[107] N.M. Khattab, «A novel solar-powered adsorption refrigeration module», Applied Thermal Engineering, 24 (2004) 2747–60.

[108] Critoph RE., «Rapid cycling solar/biomass powered adsorption refrigeration system», Renewable Energy 1999;16:673–8.

[109] Anyanwu EE, Ezekwe CI., «Design, construction and test run of a solid adsorption solar refrigerator using activated carbon/methanol, as adsorbent/adsorbate pair», Energy Conversion and Management 2003;44:2879–92.

[110] Saha BB, Akisawa A, Kashiwagi T., «Solar/waste heat driven two-stage adsorption chiller: the prototype. Renewable Energy 2001;23(1):93–101.

[111] ASHRAE Standard 93, «Method of testing to determine the thermal performance of solar collectors», American Society of Heating, Refrigerating and Air-Conditioning Engineers, Atlanta, GA., 1986.

[112] Li Zhi Zhang, Ling Wang, «Effects of coupled heat and mass transfers in adsorbent on the performance of a waste heat adsorption cooling unit», Applied Thermal Engineering 19 (1999) 195-215.

[113] A. El Fadar, A. Mimet, M. Pérez-García, «Modelling and performance study of a continuous adsorption refrigeration system driven by parabolic trough solar collector», Solar Energy 83 (2009) pp. 850-861.

www.ingramcontent.com/pod-product-compliance
Lightning Source LLC
Chambersburg PA
CBHW021058210326
41598CB00016B/1254